FORSCHUNGSBERICHTE DES LANDES NORDRHEIN-WESTFALEN

Nr. 1979

Herausgegeben im Auftrage des Ministerpräsidenten Heinz Kühn
von Staatssekretär Professor Dr. h. c. Dr. E. h. Leo Brandt

DK 519.272.11 : 677.061.001.5

Prof. Dr.-Ing. Dr.-Ing. E. h. Walther Wegener, F.T.I.
Dipl.-Ing. Günter Feier

Institut für Textiltechnik der Rhein.-Westf. Techn. Hochschule Aachen

Meßtechnische Ermittlung der Autokorrelationsfunktion von Faserlängsverbänden

WESTDEUTSCHER VERLAG · KÖLN UND OPLADEN 1968

ISBN 978-3-663-06384-1   ISBN 978-3-663-07297-3 (eBook)
DOI 10.1007/978-3-663-07297-3

Verlags-Nr. 011979

© 1968 by Westdeutscher Verlag GmbH, Köln und Opladen

Gesamtherstellung: Westdeutscher Verlag

Inhalt

1. Einleitung 5
2. Autokorrelationsfunktion 6
   2.1 Mathematische Definition der Autokorrelationsfunktion 6
   2.2 Aussagekraft der Autokorrelationsfunktion 9
3. Berechnungsverfahren für die Autokorrelationsfunktion 13
   3.1 Numerische Verfahren 13
   3.2 Analoge Verfahren 14
4. Fehler bei der Berechnung der Autokorrelationsfunktion 19
5. Anwendung der Autokorrelationsfunktion in der Textiltechnik 23
6. Autokorrelationsfunktion tatsächlicher Faserlängsverbände 24
7. Zusammenfassung 27
8. Literaturverzeichnis 27
Anhang 31

1. Einleitung

Durch die zunehmende Mechanisierung und Automatisierung von Produktionsanlagen der Textilindustrie werden an die Zwischen- und Endprodukte einzelner Arbeitsgänge stets höhere Anforderungen bezüglich der Qualität gestellt. Dabei wird in immer stärkerem Maße versucht, die Qualitätsbegriffe so zu gestalten, daß sie einer meßtechnischen Erfassung zugänglich sind, wobei die subjektive Beurteilung durch objektive Feststellungen ersetzt wird. Eine brauchbare Standardisierung ist das Endziel.
In den letzten Jahrzehnten gewann die Bestimmung der Ungleichmäßigkeit von Faserlängsverbänden (Kardenband, Streckenband, Vorgarn, Garn, Zwirn) eine besondere Bedeutung für die Beurteilung der Qualität textiler Produkte. Die Ungleichmäßigkeit des Garnes bestimmt in hohem Maße das Aussehen textiler Flächengebilde (Gewebe, Gewirke, Gestricke) [1, 46].
Zur Charakterisierung der Ungleichmäßigkeit eines Faserlängsverbandes werden drei Kennfunktionen verwendet, die Längenvariationsfunktion, die Spektrumsfunktion und die Autokorrelationsfunktion. Diese drei Kennfunktionen und ihre Beziehungen zueinander wurden eingehend von GIESEKUS [2] sowie von WEGENER [3] und HOTH [3] behandelt.
Für die Bewertung der Ungleichmäßigkeit von Faserlängsverbänden ist es von ausschlaggebender Bedeutung festzustellen, inwieweit diese Kennfunktionen meßtechnisch mit vertretbarem Aufwand zu erstellen sind. Die Ermittlung der Spektrumsfunktion (z. B. mit dem Spektrografen Uster [4]) wurde von FELIX [6, 7, 8] und die Bestimmung der Längenvariationsfunktion (z. B. diskontinuierlich mittels der Mehrfach-Summations- und Auswertanlage Aachen II [5]) wurde von WEGENER [1, 9–21] und Mitarbeitern sowie von anderen Autoren eingehend untersucht. WEGENER und Mitarbeiter gaben der Längenvariationsfunktion den Vorzug, weil mit ihr die Querstreuung [3] zwischen den einzelnen Aufmachungseinheiten mit in den Betrachtungskreis einbezogen werden kann. Bei der Spektrums- und bei der Autokorrelationsfunktion wäre jedoch die Querstreuung zusätzlich zu ermitteln, was umständlich ist und einen relativ großen Arbeitsaufwand erfordert. Sollen die Art und die Größe verschiedener Ungleichmäßigkeitseinflüsse (z. B. Perioden, stochastische Unregelmäßigkeiten) für einen Faserlängsverband beurteilt werden, so ist es zu empfehlen, die Spektrumsfunktion oder, wie DAVENPORT [22] und GIESEKUS [2] begründet anführen, noch besser die Autokorrelationsfunktion zu verwenden.
Die Autokorrelationsfunktion, auf deren Bedeutung Cox [23] und TOWNSEND [23], SPENCER-SMITH [24], GIESEKUS [2] sowie WEGENER [3] und HOTH [3] hingewiesen haben, wird in der Textiltechnik nur sehr selten zur Charakterisierung der Ungleichmäßigkeit von Faserlängsverbänden benutzt. Abgesehen von der mathematisch sehr gründlich ausgeführten Arbeit von GIESEKUS [2], sind nur aus England (REVESZ [25] und Cox [23, 26] und TOWNSEND [23, 26]) sowie aus Japan [27–33] eingehendere Untersuchungen über die Autokorrelation selbst und über deren Verwendung zur Kennzeichnung der Ungleichmäßigkeit von Faserlängsverbänden bekannt geworden. Dazu wurde von REVESZ [25] ein für die vorliegenden Probleme speziell konstruierter Analogrechner eingesetzt. Cox [23, 26] und TOWNSEND [23, 26] benutzten 1951 zur Berechnung der Einzelwerte der Autokorrelationsfunktion eine Hollerith-Maschine (Lochkarten-Maschine), da eine elektronische Datenverarbeitungsanlage noch nicht zur Verfügung stand. Schließlich ermittelten die Japaner die Autokorrelationsfunktion aus der Längen-

variationskurve [32] sowie mit Hilfe von Analog-Korrelatoren, die dem in Abschnitt 3 beschriebenen ISAC-Korrelator ähneln. Für die Bestimmung der Autokorrelationsfunktion sind sowohl die Analogrechenanlage als auch die digitale Datenverarbeitungsanlage geeignet. Wenn zur analogrechentechnischen Erstellung der Autokorrelationsfunktion ein geeigneter Spezialrechner zur Verfügung steht, verdient der Analogrechner den Vorzug, insbesondere auch deshalb, weil er hinsichtlich des Preises, der Zeitersparnis und der Einsatzmöglichkeit günstig ist.

2. Autokorrelationsfunktion

2.1 Mathematische Definition der Autokorrelationsfunktion

Der Vergleich verschiedener Meßgrößen, allgemein Signale genannt, setzt voraus, daß bestimmte Eigenschaften der Meßgröße (beispielsweise die Amplitude, die Frequenz, die Phasenlage einer Schwingung) festgelegt werden können. Dies ist bei stochastischen, d. h. bei zufällig schwankenden Signalen nicht möglich. Darum kann ein solches Signal mit einfachen Angaben (z. B. nur durch das Amplitudenspektrum) nicht vollständig beschrieben werden. Jedoch ist es oft möglich, mittels einer unvollständigen Beschreibung unter Verwendung einfacher Ersatzfunktionen (Kennfunktionen) im Zeitbereich (Korrelationsfunktion) oder im Frequenzbereich (Leistungsspektrum) einen für viele Fälle der Praxis ausreichenden Vergleich zu ziehen.

Eine zur Beschreibung einer »Verwandtschaft« statistischer Meßreihen gebräuchliche Größe ist der Korrelationskoeffizient (auch Korrelationsfaktor oder Korrelationszahl genannt). Dieser Korrelationskoeffizient [34] ergibt sich aus der Gleichung:

$$K = \frac{M\{(x - m_x) \cdot (y - m_y)\}}{\sqrt{M\{(x - m_x)^2\} \cdot M\{(y - m_y)^2\}}} \qquad \text{(Gl. 1)}$$

Hierin bedeuten:

x und y die Einzelwerte der Meßwertfolgen
m_x und m_y die Mittelwerte der Meßwertfolgen
$M\{\}$ der Operator für die Mittelung

Die vorstehende Gleichung ist normiert, d. h. sie ist auf eine aus den Meßreihen errechnete dimensionsbehaftete Zahl bezogen, so daß die Werte für den Korrelationskoeffizienten zwischen $+1$ und -1 liegen. Wie es aus der vorstehenden Gleichung hervorgeht, kann demnach eine »Verwandtschaft« zweier Meßwertfolgen x und y durch den normierten Mittelwert K gekennzeichnet werden. Eine einfache Überlegung führt nun vom Begriff des Korrelationskoeffizienten zur Korrelationsfunktion. Dabei soll die Betrachtung ausschließlich auf stetige Signale, die eine Funktion der Zeit sind, beschränkt werden. Für diese stetigen Zeitfunktionen wird die Schreibweise $x(t)$ eingeführt. Der Mittelwert (zeitlicher Mittelwert) einer solchen Zeitfunktion ist gegeben durch die Gleichung:

$$M\{x(t)\} = \frac{1}{2T} \int_{-T}^{+T} x(t)\, dt \qquad \text{(Gl. 2)}$$

Für den praktisch nur mit beliebiger Näherung anzugebenden Erwartungswert gilt:

$$E[x(t)] = \lim_{T \to \infty} \frac{1}{2T} \int_{-T}^{+T} x(t)\,dt = m_x \qquad \text{(Gl. 3)}$$

Bei der Berechnung des Korrelationskoeffizienten werden die Meßwerte x und y zur gleichen Zeit $t_1, t_2, t_3 \ldots$ entnommen, d. h. es wird multipliziert

$$[x(t_i) - m_x] \cdot [y(t_i) - m_y] \quad \text{mit} \quad i = 1, 2, 3 \ldots \qquad \text{(Gl. 4)}$$

Die beiden Meßgrößen können aber auch zu verschiedenen Zeiten entnommen werden, d. h. es wird multipliziert:

$$[x(t_i) - m_x] \cdot [y(t_k) - m_y]$$

wobei

$$t_k = t_i + \tau \qquad \text{(Gl. 5)}$$

mit τ = Zeitverschiebung in Sekunden (Abb. 1).*
Je nach dem gewählten Zeitabstand entstehen für den Korrelationskoeffizienten verschiedene Werte. Die für verschiedene Zeitverschiebungen errechneten Korrelationskoeffizienten der stets gleichen Meßwertensemble x und y ergeben in Abhängigkeit von der Zeitverschiebung die Korrelationsfunktion (Abb. 2).
Unter der Annahme, daß der Mittelwert verschwindet (was bei elektrischen Meßgrößen erreicht werden kann) und eine Normierung nicht durchgeführt wird, ergibt sich für den Korrelationskoeffizienten:

$$K = \frac{1}{2T} \int_{-T}^{+T} x(t) \cdot y(t)\,dt \qquad \text{(Gl. 6)}$$

Dabei wird die Mittelwertbildung durch eine Integration durchgeführt. Die mathematisch exakte Definition des Korrelationskoeffizienten erfordert eine Integration über eine unendlich lange Zeit und damit ergibt sich:

$$\psi = \lim_{T \to \infty} \frac{1}{2T} \int_{-T}^{+T} x(t) \cdot y(t)\,dt \qquad \text{(Gl. 7)}$$

Nach der Einführung des Zeitabstandes zwischen den Meßwerten x und y entsteht die Korrelationsfunktion:

$$\psi(\tau) = \lim_{T \to \infty} \frac{1}{2T} \int_{-T}^{+T} x(t) \cdot y(t + \tau)\,dt \qquad \text{(Gl. 8)}$$

Gilt nun $x(t) = y(t)$, so wird von der Autokorrelationsfunktion gesprochen, weil die beiden Meßwerte $x(t)$ und $x(t + \tau)$ dem gleichen Ensemble, allerdings zu Zeiten, die um τ verschoben sind, entnommen wurden.
Einige wichtige Eigenschaften der Autokorrelationsfunktion sollen hier kurz angeführt werden:

1. $\psi(\tau)$ ist eine gerade Funktion von τ.
   Es ergibt sich der gleiche Korrelationswert, wenn statt

$$\psi(+\tau) = \lim_{T \to \infty} \frac{1}{2T} \int_{-T}^{+T} x(t) \cdot x(t + \tau)\,dt \qquad \text{(Gl. 9)}$$

* Die Abbildungen stehen im Anhang ab Seite 31.

gebildet wird:

$$\psi(-\tau) = \lim_{T\to\infty} \frac{1}{2T} \int_{-T}^{+T} x(t) \cdot x(t-\tau)\, dt \qquad \text{(Gl. 10)}$$

Die Verzögerungszeit τ darf sowohl mit positivem als auch mit negativem Vorzeichen eingesetzt werden.

2. Der Integralwert der Autokorrelationsfunktion für $\tau = 0$ ist gleich dem Erwartungswert des quadratischen Mittelwertes. Nach der Definition gilt für $\tau = 0$

$$\psi(0) = \lim_{T\to\infty} \frac{1}{2T} \int_{-T}^{+T} x(t) \cdot x(t)\, dt = \lim_{T\to\infty} \frac{1}{2T} \int_{-T}^{+T} x^2(t)\, dt = E[x^2(t)] \qquad \text{(Gl. 11)}$$

Oft wird die Autokorrelationsfunktion auf den Erwartungswert $E[x^2(t)]$ normiert, so daß sich $\psi(0) = 1$ ergibt. Es ist somit möglich, die Autokorrelationsfunktion als eine Verallgemeinerung des quadratischen Mittelwertes aufzufassen.

3. Für $\tau = 0$ hat die Autokorrelationsfunktion einen Maximalwert. Für alle übrigen Werte $\psi(\tau)$ gilt: $\pm\psi(\tau) \leq \psi(0)$, d. h. alle Werte der Autokorrelationsfunktion für $\tau \neq 0$ sind kleiner oder höchstens gleich dem Wert für $\tau = 0$. Einen Beweis führt LANGE [35].

4. Die Autokorrelationsfunktion einer periodischen Zeitfunktion enthält alle in dieser Zeitfunktion enthaltenen Komponenten des Frequenzspektrums, wobei allerdings die Phaseninformation verloren geht, d. h. wenn $x(t)$ eine periodische Funktion der Form

$$x(t) = A \cdot \sin(\omega t + \varphi) \qquad \text{(Gl. 12)}$$

ist, ergibt sich für die Autokorrelationsfunktion:

$$\psi(\tau) = \lim_{T\to\infty} \frac{1}{T} \int_0^{+T} A \sin(\omega t + \varphi) \cdot A \sin[\omega(t+\tau) + \varphi]\, dt$$

$$= \lim_{T\to\infty} \frac{1}{T} A^2 \int_0^{+T} \cos[\omega t + \varphi - \omega(t+\tau) - \varphi]\, dt$$

$$- \lim_{T\to\infty} \frac{1}{T} A^2 \int_0^{+T} \cos(\omega t + \varphi) \cdot \cos[\omega(t+\tau) + \varphi]\, dt$$

$$= \lim_{T\to\infty} \frac{A^2}{T} \int_0^{+T} \cos[\omega t - \omega(t+\tau)]\, dt \qquad \text{(Gl. 13)}$$

$$- \lim_{T\to\infty} \frac{A^2}{T} \int_0^{+T} \cos[\omega t + \varphi + \omega t + \omega\tau + \varphi]\, dt$$

$$- \lim_{T\to\infty} \frac{A^2}{T} \int_0^{+T} \sin(\omega t + \varphi) \cdot \sin[\omega(t+\tau) + \varphi]\, dt$$

$$\psi(\tau) = \frac{A^2}{2} \cos \omega \tau$$

$$- \lim_{T \to \infty} \frac{A^2}{2T} \left| \frac{\sin (2\omega t + \omega \tau + 2\varphi)}{2\omega} \right|_0^T \qquad \text{(Gl. 14)}$$

$$= \frac{A^2}{2} \cos \omega \tau$$

$$- \lim_{T \to \infty} \frac{A^2}{2T} \frac{\sin (2\omega T + \omega \tau + 2\varphi) - \sin (\omega \tau + 2\varphi)}{2\omega}$$

Wird der Grenzübergang $T \to \infty$ durchgeführt, so bleibt (Abb. 3)

$$\psi(\tau) = \frac{A^2}{2} \cos \omega \tau \qquad \text{(Gl. 15)}$$

Die Restglieder können bei $T \neq \infty$, d. h. wenn über endliche Zeiten integriert wird, zur Fehlerabschätzung verwendet werden. Es ist zu erkennen, daß die Autokorrelationsfunktion eine Periode hat, die der Periode des zu untersuchenden Signals entspricht. Wird die periodische Funktion als Gemisch von harmonischen Schwingungen mit

$$x(t) = \frac{A_0}{2} + \sum_{n=1}^{\infty} A_n \sin (n\omega t + \varphi_n) \qquad \text{(Gl. 16)}$$

angesetzt, so ergibt sich für die Autokorrelationsfunktion:

$$\psi(\tau) = \frac{A_0^2}{4} + \frac{1}{2} \sum_{n=1}^{\infty} A_n^2 \cos n\omega \tau \qquad \text{(Gl. 17)}$$

2.2 Aussagekraft der Autokorrelationsfunktion

Die Autokorrelationsfunktion soll im vorliegenden Fall eine möglichst umfassende Aussage über Eigenschaften des untersuchten Signals geben. Dieses Signal ist die aus dem »Raumbereich« (Meßgröße in Abhängigkeit vom Ort, beispielsweise einer Länge) durch einen geeigneten Wandler in den Zeitbereich (Meßgröße als Funktion der Zeit) überführte Ungleichmäßigkeit eines Faserlängsverbandes. Dabei sind die Anforderungen zu stellen, daß die gewonnenen tatsächlichen Autokorrelationsfunktionen

1. möglichst alle Störungsarten (Ungleichmäßigkeiten) berücksichtigen,
2. zuverlässig sind, d. h. hinreichend kleine statistische Vertrauensbereiche erzielt werden können, und
3. anschaulich sind, d. h. die Art und die Größe der Störung gut erkennbar darstellen und die verschiedenen Störungsarten klar gegeneinander abgrenzen.

Es soll im folgenden Abschnitt untersucht werden, wann und wie verschiedene Eigenschaften des zu untersuchenden Signals $x(t)$ sich in der Autokorrelationsfunktion $\psi(\tau)$ des Signals wiederfinden bzw. welchen Einfluß sie auf den Verlauf der Autokorrelationsfunktion haben.

Wie es schon gezeigt wurde, enthält die Autokorrelationsfunktion alle im ursprünglichen Signal enthaltenen harmonischen Schwingungen. Dabei wird stets eine Sinus-

wie auch eine Cosinusfunktion in eine Cosinusfunktion überführt. Alle Phaseninformationen gehen bei der Bildung der Autokorrelationsfunktion verloren, und es findet sich die sehr merkwürdige Tatsache, daß alle Frequenzkomponenten bei $\tau = 0$ in Phase sind. Jede periodische Funktion des Signals $x(t)$ wird sich also in der dazugehörigen Autokorrelationsfunktion mit gleicher Frequenz, allerdings im τ-Maßstab, wiederfinden. Da jedoch alle Oberwellen des Signals $x(t)$ im τ-Bereich (d. h. in der Autokorrelationsfunktion) ohne Phasenverschiebung stets als Cosinusfunktion erscheinen, geht die gesamte Phaseninformation des Zeitverlaufes $x(t)$ verloren, und der Verlauf der $\psi(\tau)$-Kurve entspricht keineswegs dem Verlauf der $x(t)$-Kurve. Lediglich für den Fall einer einzigen Frequenz im Signal $x(t)$ wird der gleiche Funktionsverlauf in der Autokorrelationsfunktion wiedergefunden.

Ein weiterer, theoretisch sehr gut zu behandelnder Fall ist der, daß das Signal $x(t)$ durch ein Rauschen begrenzter Bandbreite beschrieben werden kann. Dabei ist der Begriff des Rauschens so definiert, daß das Signal innerhalb zweier Frequenzgrenzen (z. B. $f = 0 \ldots f_1$) alle Frequenzen mit konstanter Leistungsdichte enthält, d. h. innerhalb der Frequenzgrenzen sind alle Frequenzen gleich stark (Abb. 4).

Von diesem Rauschsignal kann nun die Autokorrelationsfunktion errechnet werden, da nach dem Theorem von »WIENER und CHINTSCHIN« [36] für die Umrechnung des Leistungsspektrums $S(f)$ in die Autokorrelationsfunktion gilt:

$$S(f) = \int_{-\infty}^{+\infty} \psi(\tau) \cdot e^{-i\omega\tau} d\tau$$

$$\psi(\tau) = \int_{-\infty}^{+\infty} S(f) \cdot e^{+i\omega\tau} df \qquad \text{(Gl. 18)}$$

$$= S_0 \int_{-\infty}^{+\infty} e^{i2\pi f \tau} df = S_0 \left| \frac{e^{i2\pi f \tau}}{i 2\pi \tau} \right|_{-\infty}^{+\infty}$$

Da sich das Frequenzspektrum aber nur von $-f_0$ (aus mathematischen Gründen wird auch mit negativen Frequenzen gerechnet) bis $+f_0$ erstreckt, gilt:

$$\psi(\tau) = S_0 \left| \frac{e^{i2\pi f \tau}}{i 2\pi \tau} \right|_{-f_0}^{+f_0}$$

$$= S_0 \frac{e^{i2\pi f_0 \tau} - e^{-i2\pi f_0 \tau}}{2 i \pi \tau} \qquad \text{(Gl. 19)}$$

$$= 2 S_0 f_0 \frac{e^{i2\pi f_0 \tau} - e^{-i2\pi f_0 \tau}}{2 f_0 \cdot 2 i \pi \tau}$$

$$\psi(\tau) = 2 S_0 f_0 \frac{\sin 2\pi f_0 \tau}{2\pi f_0 \tau}$$

Die Funktion $\frac{\sin x}{x}$ wird in der Mathematik oft abgekürzt si (x) und kann Tabellen entnommen werden. Die Autokorrelationsfunktion für ein derartiges Rauschsignal ist in der Abb. 5 dargestellt.

Ein sowohl für die Nachrichtentechnik, die in den letzten Jahren die Korrelationsanalyse intensiv weiterentwickelte, wie auch für die Anwendung der Autokorrelation in der Textiltechnik besonders bedeutsamer Fall liegt vor, wenn das Signal $x(t)$ ein Gemisch aus einem Rauschvorgang mit überlagerten periodischen Funktionen darstellt. Ein solches Signal (Abb. 6) kann wie folgt angesetzt werden:

$$x(t) = s(t) + r(t)$$

Hierin bedeuten:

$s(t)$ ein periodisches Signal,
$r(t)$ ein Signal, welches das Rauschen beschreibt.

Mit den Mitteln der klassischen Nachrichtentechnik ist es nun nicht möglich, die beiden Signalanteile $s(t)$ und $r(t)$ zu trennen, da sie im gleichen Frequenzbereich liegen und die Filtermethode versagt. Denn es ist bei Anwendung der klassischen elektrischen Filter mit Durchlaßbereich und Sperrbereich [37] nur möglich, Signale zu trennen, die verschiedenen Frequenzbereichen angehören.

Die Korrelationsanalyse bietet mit der Autokorrelationsfunktion die Möglichkeit, eine Trennung der beiden Signalteile durchzuführen. Für $x(t) = s(t) + r(t)$ wird die Autokorrelationsfunktion:

$$\psi(\tau) = \lim_{T \to \infty} \frac{1}{2T} \int_{-T}^{+T} [s(t) + r(t)] [s(t+\tau) + r(t+\tau)] \, dt \quad \text{(Gl. 20)}$$

$$= \lim_{T \to \infty} \frac{1}{2T} \int_{-T}^{+T} s(t) \cdot s(t+\tau) \, dt + \lim_{T \to \infty} \frac{1}{2T} \int_{-T}^{+T} r(t) \cdot r(t+\tau) \, dt$$

$$+ \lim_{T \to \infty} \frac{1}{2T} \int_{-T}^{+T} s(t) \cdot r(t+\tau) \, dt + \lim_{T \to \infty} \frac{1}{2T} \int_{-T}^{+T} r(t) \cdot s(t+\tau) \, dt$$

Dieser Ausdruck kann als Summe von Korrelationsfunktionen aufgefaßt werden. Damit wird

$$\psi(\tau) = \psi_{ss} + \psi_{rr} + \psi_{sr} + \psi_{rs} \quad \text{(Gl. 21)}$$

Die ersten zwei Summanden sind die Autokorrelationsfunktionen der beiden Signalanteile $s(t)$ und $r(t)$. Die letzten beiden Ausdrücke stellen die sogenannten Kreuzkorrelationsfunktionen zwischen dem Signal $s(t)$ und dem Rauschen $r(t)$ dar. Diese beiden Kreuzkorrelationsfunktionen sind normalerweise nicht identisch; sie verschwinden, falls die Integrationszeit bei der Berechnung groß genug ist für den Fall, daß das Rauschen $r(t)$ und das Signal $s(t)$ keine gemeinsamen Frequenzkomponenten haben. Dies kann bei den in der Textiltechnik vorkommenden Problemen meist vorausgesetzt werden. Wenn bei der Berechnung einer Autokorrelationsfunktion hinreichend lange gemittelt wird, bleibt nur die Autokorrelationsfunktion des Signals $s(t)$ übrig, da – wie oben gezeigt wurde – die Autokorrelationsfunktion des Rauschanteiles relativ rasch abnimmt (Abb. 7).

Bei den in dem Abschnitt 6 behandelten tatsächlichen Autokorrelationsfunktionen verschwindet der Anteil des Rauschens in der Autokorrelationsfunktion schon bei sehr niedrigen τ-Werten, so daß periodische Signalanteile, falls sie vorhanden sind, recht gut von dem Rauschen abgetrennt werden können. Dadurch wird eine Beurteilung des untersuchten Materials hinsichtlich der Periodizität und der regellosen Ungleichmäßigkeit möglich.

GIESEKUS [2] verwendet als Signal weiterhin Funktionen mit gemischt diskret-kontinuierlichem Spektrum. Diese Funktionen enthalten demnach periodische Anteile (wenigstens zeitweise), die mathematisch, analytisch beschrieben werden können, sowie Anteile, die nur statistischen Gesetzen gehorchen. Diese Signale entstehen dadurch, daß bei ihrer Erzeugung kausale und statistische Gesetzmäßigkeiten zusammenwirken. Ein typisches Signal dieser Gattung wäre zum Beispiel eine reine Sinuswelle mit Phasensprüngen (Abb. 8). Die Größe der Sprünge ist dabei statistisch verteilt.

Ein solches Signal könnte entstehen, wenn der Zylinder eines Streckwerkes unrund läuft und darüber hinaus ab und zu kurze Zeit klemmt.

Auch die statistische Überlagerung von sinusförmigen Elementfunktionen bildet ein ähnliches Signal.

Das der Abb. 9 zugrunde liegende Signal ist durch eine Überlagerung von Teilen einer Sinusfunktion der Form

$$x(t) = \begin{cases} \sin \omega t & \text{im Intervall 0 bis } 2T \\ 0 & \text{außerhalb} \end{cases}$$

entstanden. Die in der Abb. 8 und in der Abb. 9 dargestellten Signalfunktionen haben eine Autokorrelationsfunktion, die in der Abb. 10 dargestellt ist.

Als weiteres Beispiel einer stochastischen Funktion kann eine Folge von diskreten Zufallsvariablen p, die unabhängig voneinander der gleichen Verteilung unterliegen, als Treppenfunktion aufgebaut werden. Unter der Voraussetzung, daß eine äquidistante Abszisseneinteilung gewählt wird, ergibt sich die in der Abb. 11a dargestellte Funktion. Werden vier einfache Treppenfunktionen gemäß der Abb. 11a addiert, so ergibt sich eine Funktion, wie sie in der Abb. 11b dargestellt ist.

Die statistische Überlagerung von rechteckigen Elementfunktionen mit konstanter Wahrscheinlichkeitsdichte kann einen Funktionsverlauf bilden, wie er in der Abb. 11c zu finden ist. Die Autokorrelationsfunktion für die drei Beispiele nach der Abb. 11 ist aus der Abb. 12 zu ersehen.

Es sollen noch zwei Funktionstypen beschrieben werden, auf die GIESEKUS [2] hinweist.

1. Additive Überlagerung einer Sinuswelle mit einem Signal nach der Abb. 11a.
   Die sich ergebende Autokorrelationsfunktion ist in der Abb. 13 dargestellt.
2. Es ist auch denkbar, rechteckige Elementfunktionen mit periodischer Wahrscheinlichkeitsdichte statistisch zu überlagern.

Obwohl die bisher angeführten Beispiele nur rein mathematisch-statistisch ermittelt wurden, kommt ihnen eine große Bedeutung hinsichtlich der Beurteilung praktisch errechneter Autokorrelationsfunktionen zu. GIESEKUS [2] verwendet für die Beschreibung der Autokorrelationsfunktionen bzw. damit auch der Signalfunktion $x(t)$ folgende drei sehr anschauliche Begriffe:

1. Schlichte Erhaltungsneigung
2. Wiederholungsneigung
3. Oszillationsneigung (Perioden)

Dabei beschreibt der Begriff »schlichte Erhaltungsneigung« Vorgänge, die, einmal aufgetreten, langsam wieder verschwinden. Solche Vorgänge werden im Autokorrelogramm angezeigt durch einen Funktionsverlauf, wie er in der Abb. 12 dargestellt ist.

Von Wiederholungsneigung wird gesprochen, wenn ein Vorgang zeitweise auftritt, dann wieder verschwindet und irgendwann wieder einsetzt. Die Autokorrelationsfunktion zeigt dann für die durchschnittliche Dauer des Vorganges einen entsprechenden Verlauf (Beispiel hierzu Abb. 10).

Oszillationsneigung liegt dann vor, wenn ein einmal eingeleiteter Vorgang für sehr lange Zeit bestehen bleibt. Beispielsweise wird ein einmal erregtes unstabiles Regelsystem lange Zeit weiterschwingen (Abb. 7).

Die behandelten Störungen können meist den praktisch errechneten Autokorrelogrammen mehr oder weniger gut direkt entnommen werden und sind auch relativ gut gegeneinander abzugrenzen. Insbesondere lassen sich in der errechneten Autokorrelationsfunktion Wiederholungsneigung und Oszillationsneigung sehr gut voneinander unterscheiden. Auf diese beiden Störgrößen muß bei der Beurteilung von Faserlängsverbänden besonders geachtet werden, da sie einen sehr wertmindernden Einfluß auf die aus den Faserlängsverbänden erstellten Flächengebilde haben (z. B. Streifen, Banden, Moiré-Effekte).

3. Berechnungsverfahren für die Bestimmung der Autokorrelationsfunktion

Im Laufe der letzten Jahre wurden je nach dem mathematischen Entwicklungsstand, den technischen Möglichkeiten und den praktischen Notwendigkeiten verschiedene Verfahren zur Bestimmung der Autokorrelationsfunktion entwickelt. Dabei werden unterschieden:
1. Numerische Verfahren
2. Analoge Verfahren

3.1 Numerische Verfahren

Die numerische Bestimmung der Autokorrelationsfunktion ist bei großem Meßwertumfang eine sehr mühsame Arbeit. Dazu müssen die Daten als äquidistante Zahlenfolge vorliegen. Schon die Erstellung dieser Zahlenfolge macht große Schwierigkeiten, denn es muß der zu untersuchende Faserlängsverband in relativ kurze Stücke aufgeteilt werden. Von diesen Abschnitten wird dann, z. B. für die Ermittlung der Masseungleichmäßigkeit, das Gewicht bestimmt.

Zur Durchführung der Berechnung der Autokorrelationsfunktion sind wegen des großen Umfanges der Rechenarbeit gut durchdachte Rechenschemata ausgearbeitet worden, so daß die Schreib- und Rechenarbeit auf ein Minimum reduziert und Fehler vermieden werden können. Ein diesbezügliches Rechenschema soll hier kurz anhand eines Beispieles angegeben werden.

Das Autokorrelogramm einer diskreten Zahlenfolge wird bestimmt nach der Gleichung:

$$K(\tau) = \frac{1}{N-\tau} \sum_{t=1}^{N-\tau} x_t \cdot x_{t+\tau} \quad \text{(Gl. 22)}$$

Zur Durchführung der bei der Berechnung notwendigen Operationen werden die Meßwerte x_t in langen Reihen untereinander geschrieben.

Mit Hilfe geeigneter Papierschablonen für $\tau = 1, 2, 3 \ldots$, deren Fenster nur jeweils die Meßwerte x_t und $x_{t+\tau}$ freigeben, ist es leicht, die Multiplikationen durchzuführen. Die Ergebnisse der Multiplikationen (Abb. 15) werden in der Spalte $x_t \cdot x_{t+\tau}$ untereinander geschrieben, so daß sie mit Hilfe einer Tischrechenmaschine addiert werden können. Damit ergeben sich auf relativ einfache Weise die einzelnen Autokorrelationskoeffizienten, die über τ aufgetragen die Autokorrelationsfunktion bilden.

Für sehr große Datenmengen gibt GIESEKUS [2] ein vereinfachtes Rechenschema an. Dabei werden Quadrate von Meßwertsummen durch eine Strichliste erfaßt, das

Streuungsmaß σ^2 dieser Werte wird errechnet und nach einigen weiteren Operationen lassen sich die Koeffizienten $K(\tau)$ mit sehr guter Näherung bestimmen.

Heute besteht, bedingt durch die rasche Entwicklung großer digitaler Datenverarbeitungsanlagen, die Möglichkeit, Autokorrelogramme in sehr kurzer Zeit zu berechnen, besonders dann, wenn eine automatische Datenerfassungsanlage, beispielsweise die Registrieranlage Aachen [38], zur Verfügung steht. Dabei wird die Meßgröße mit einem geeigneten Wandler in ein elektrisches Signal überführt, mit einem Analog-Digitalwandler in Ziffernform gebracht und durch einen Lochstreifenstanzer ausgegeben. Die auf dem Lochstreifen gespeicherten Daten werden dann dem Rechner zugeführt, der per Programm (Abb. 16) die einzelnen Autokorrelationskoeffizienten tabellarisch ausdruckt.

Der Rechner liest den Lochstreifen und transportiert die Daten in die aufeinanderfolgenden Speicherplätze $i = 1 \ldots N$. Der Rechenvorgang wird gestartet mit $\tau = 0$. Die nachfolgende Abfrage $\tau > \tau_{max}$ ist notwendig, weil später durch das Programm eine automatische Erhöhung des Wertes τ um 1 durchgeführt wird. Gleiches gilt für das Setzen $i = 1$ und die dann folgende Abfrage $i > N - \tau$. Dann wird durch die Programmanweisungen 8 und 9 (Abb. 16) das erste Produkt gebildet und zum Inhalt einer Hilfsspeicherzelle $H(\tau)$ addiert (Befehl 10). Diese Hilfsspeicherzelle $H(\tau)$ enthält vor Beginn der Rechnung eine Null und nach jeder Produktbildung i die Summe $\sum_{i=1}^{i} x_i \cdot x_{i+\tau}$. Sind alle Produkte bis $i = N - \tau$ gebildet, so wird die Abfrage $i > N - \tau$ negativ ausfallen, der Inhalt der Hilfsspeicherzelle $H(\tau)$ wird mit $\dfrac{1}{N - \tau}$ multipliziert und das Ergebnis wieder in die Hilfsspeicherzelle gebracht. Das Programm erhöht τ um 1 (Befehl 16), und es wird der gleiche Zyklus für $i = 1$ bis $i = N - \tau$ durchgerechnet. Ist dann schließlich $\tau = \tau_{max}$, so werden alle Werte der Hilfsspeicherzellen ausgedruckt und die Rechenanlage gestoppt. Werden die $H(\tau)$-Werte über τ aufgetragen, so ergibt sich die Autokorrelationsfunktion. Cox und Townsend haben 1951 nach einem ähnlichen Schema auf einer Hollerith-Maschine mehrere Autokorrelogramme berechnet [23].

3.2 Analoge Verfahren

Die analogen Korrelationsrechner speichern das zu analysierende Signal in irgendeiner analogen Form. Jeder weitere Rechenschritt wird analog durchgeführt.

Eine sehr interessante Ausführung eines Analogkorrelators beschreibt Martindale [39]. Danach wird auf optischem Wege (Abb. 17) mit dem Gerät das Produkt zweier Funktionen gebildet und über einen elektronischen x-y-Schreiber sofort das Korrelogramm erhalten.

Der zu analysierende Vorgang wird auf lichtdurchlässigem Material aufgezeichnet. Der obere Teil wird dabei geschwärzt. Zwei Transparente haben verschiedene Größen, wobei A größer als B ist. Für das Größenverhältnis gilt $\dfrac{b}{a}$, wenn a der Abstand der beiden Transparente, b der Abstand des Transparentes A vom Meßschlitz ist. Nach ausführlich von Martindale [39] behandelten geometrisch-optischen Gesetzen multiplizieren sich am Meßschlitz Sp die Transparentfunktionen, und der Korrelationskoeffizient erscheint als Helligkeitswert. Dieser Helligkeitswert wird durch eine Photozelle in einen elektrischen Strom gewandelt, der dann einen Schreiber steuert. Durch seitliche Verschiebung des Transparentes B kann die Abhängigkeit des Korrelationskoeffizienten von τ bestimmt werden.

In den letzten Jahren wurde eine Anzahl von elektronischen Analog-Korrelatoren (spezielle elektronische Analogrechner) gebaut, die im wesentlichen nach zwei Prinzipien arbeiten. Beim Sampling-Korrelator wird durch Mittelung einer großen Anzahl von Produkten ein Punkt der Autokorrelationsfunktion errechnet. Die Produkte entstammen periodisch (Periode L) entnommenen Augenblickswerten. Die miteinander multiplizierten Augenblickswerte sind um τ verschoben, wobei $\tau < L$ ist (Abb. 18).

Zunächst werden der Funktion Einzelwerte in regelmäßigen Abständen L entnommen ($a_1, a_2, a_3 \ldots$). Eine zweite Folge von Meßwerten ($b_1, b_2, b_3 \ldots$) wird mit ebenfalls gleichen Abständen L abgetastet. Diese zweite Folge ist jedoch gegenüber der ersten Folge zeitlich um den Betrag τ verschoben. Die Autokorrelationsfunktion wird dann

$$K(\tau) = \frac{1}{N} \sum_{i=1}^{N} f_i(t), \quad \text{mit} \quad f_i(t) = a_i \cdot b_i \tag{Gl. 23}$$

Dieser Ausdruck kann interpretiert werden als ein Ensemble-Mittelwert eines Zufallsprozesses, dessen Funktionswerte der Zufallsfunktion $f_i(t)$ im Abstand L voneinander entnommen sind. Der Schätzwert $K(\tau)$ der wirklichen Autokorrelationsfunktion $\psi(\tau)$ wird desto besser angenähert, je größer die Zahl N der Produkte ist. Voraussetzung ist allerdings, daß im Signal keine Komponenten enthalten sind, die eine Periode haben, welche dem Abtast-Abstand L entspricht.

Am Research Laboratory of Electronics des Massachusetts Institute of Technology wurde ein nach diesem Verfahren arbeitender Rechner zur automatischen Bestimmung der Autokorrelationsfunktion eines Zufallsprozesses gebaut [40]. In diesem elektronischen Sampling-Korrelator werden zwei Folgen von Zeitimpulsen erzeugt, die die Meßwerte $a_1, a_2, a_3 \ldots$ und $b_1, b_2, b_3 \ldots$ auswählen, wie das in der Abb. 19 dargestellt ist. Mit Hilfe dieser Zeitimpulse werden nunmehr neue Impulse gebildet, deren Amplitude und deren Impulsdauer der Größe der beiden Meßwerte a_i und b_i entsprechen.

Die Multiplikation und die Summation werden durchgeführt, indem die Zufallsimpulsfolge integriert wird. Nachdem auf die beschriebene Art ein Punkt der Autokorrelationsfunktion bestimmt wurde, wird der Wert τ automatisch verändert, so daß ebenso wie zuvor ein weiterer Wert der Autokorrelationskurve zu gewinnen ist. Alle Operationen des Rechners sind automatisiert, und das Ergebnis wird mittels eines x-y-Schreibers aufgezeichnet.

Beim stetig arbeitenden elektronischen Analogkorrelator wird das Signal mit Hilfe eines Analogspeichers verzögert, mit dem Original-Signal in einem Analogmultiplikator multipliziert und analog integriert. Mit diesem Analog-Korrelator läßt sich nach der mathematischen Definition der Kurzzeit-Autokorrelation

$$K(\tau) = \frac{1}{2T} \int_{-T}^{+T} x(t) \cdot x(t+\tau) \, dt \tag{Gl. 24}$$

arbeiten. Wird die Integrationszeit des Rechners bis $T \to \infty$ erhöht, so nähert sich das Meßergebnis dem exakten Wert

$$\psi(\tau) = \lim_{T \to \infty} \frac{1}{2T} \int_{-T}^{+T} x(t) \cdot x(t+\tau) \, dt \tag{Gl. 25}$$

Einen solchen Rechner benutzte REVESZ [25] für die Bestimmung der Autokorrelation von Faserlängsverbänden. Die Bauart ist der des nachstehend beschriebenen Rechners ISAC ähnlich, nur wurde die Multiplikation mittels eines elektrischen Leistungsmessers durchgeführt. Der an der Technischen Hochschule in Trondheim (Norwegen) entwickelte und von Noratom (Oslo, Norwegen) gebaute analog arbeitende Korrelator soll im folgenden etwas ausführlicher beschrieben werden, da mit diesem Rechner von uns die in dem Abschnitt 6 gebrachten Autokorrelationsfunktionen ermittelt wurden. Mit dem Rechner ISAC (Instrument for Statistical Analog Computation) können

Auto- und Kreuzkorrelationsfunktionen,
Auto- und Kreuzleistungsspektren und
Verteilungsdichten 1. Ordnung

bestimmt werden. Für die hier behandelte Autokorrelationsfunktion arbeitet der Rechner nach dem in Abb. 20 dargestellten Blockschaltbild.
Bis zu drei Signale kann der Rechner ISAC mittels Puls-Frequenzmodulation auf Magnetband von 1,57 m bzw. 4,71 m Länge speichern. Er hat zwei Einspeicher-Wiedergabeköpfe, von denen einer fest montiert ist. Der andere Kopf kann durch eine motorbetriebene Spindel bis maximal 100 mm um jeweils 0,25 mm bzw. um 1 mm verstellt werden. Dadurch läßt sich bei der Wiedergabe durch die Steuereinheit die Zeitverzögerung τ einstellen. Aus später noch zu behandelnden Gründen wird bei der Aufnahme der verschiebbare Kopf B auf $\tau \triangleq l = 1,5$ mm gestellt. Es kann im Bereich von 0,31 mm/s ... 314 mm/s mit acht verschiedenen Bandgeschwindigkeiten gearbeitet werden, die sich durch ein umschaltbares Reibradgetriebe einstellen lassen, so daß eine Zeittransformation möglich ist. Bei der niedrigsten Aufnahmegeschwindigkeit (0,31 mm/s) und der großen Bandschleife von 4,71 m kann damit ein Signal während einer Zeit von 3 h, 58 min, 56 s aufgenommen werden. Um bei der Wiedergabe (es wird immer bei der höchsten Bandgeschwindigkeit gerechnet) eine Überschreitung des Frequenzbereiches des Multiplikators zu vermeiden, muß das Eingangssignal im Frequenzbereich beschnitten werden (Tab. 1).
Durch Pulsfrequenzunterteiler, die vor der Einspeicherung des pulskodierten Signals gemäß der eingestellten Bandgeschwindigkeit die Pulsfrequenz untersetzen, wird ein konstanter Frequenzbereich des wiedergegebenen Signals erzielt. Der Rechner ISAC zeichnet automatisch die Autokorrelationsfunktion als eine Folge von Punkten, deren Abszissen sich jeweils um τ unterscheiden. Bei der automatischen Berechnung der Korrelationswerte führt der zum Wiedergabekanal A gehörende Demodulator eine Zeitverzögerung ein, die im Mittel einer τ-Verschiebung von $l = 0,4$ mm entspricht. Um diese Verschiebung wenigstens teilweise auszugleichen, wurden alle Aufnahmen (d. h. Einspeichern der zu analysierenden Werte) mit einer Stellung des Kopfes B bei $\tau \triangleq l = 1,5$ mm durchgeführt. Die Berechnung der Autokorrelation wird hingegen bei $\tau \triangleq l = 0$ gestartet. Der 1. Punkt der Autokorrelationsfunktion ergibt sich mit $\Delta l = 0,25$ mm zu

$$K(\tau) = M\{x(t - 0,4\,\tau) \cdot x(t + \tau - 1,5\,\tau)\}$$
$$= K(-1,1\,\tau).$$

Die nächsten Punkte ergeben sich zu

$$K(-0,85\,\tau),$$
$$K(-0,6\ \ \tau),$$
$$K(-0,35\,\tau),$$
$$K(-0,1\ \ \tau),$$
$$K(+0,15\,\tau),$$
$$K(+0,40\,\tau).$$

Tab. 1 *Aufnahmezeit, Frequenzbereich und Verzögerungszeiten des Rechners ISAC*

Aufnahmezeit für Bandschleife $\frac{1{,}57 \text{ m}}{4{,}71 \text{ m}}$	5	10	40	80	320	640	2 560	5 120	Sekunden
	15	30	120	240	960	1 920	7 680	15 360	Sekunden
Verhältnis $\frac{\text{Aufnahmezeit}}{\text{Wiedergabezeit}}$	1	2	8	16	64	128	512	1 024	
Frequenzbereich des zu analysierenden Signals 0 ...	200	100	25	12,5	3,12	1,56	0,39	0,049	Hz
Verzögerungszeit τ_{min} für $l = 1$ mm	3,18	6,36	25,44	50,88	203,52	407,04	1 628,16	3 256,32	ms
$l = 0{,}25$ mm	0,795	1,59	6,36	12,72	50,88	101,76	407,04	814,08	ms
Verzögerungszeit τ_{max}	0,318	0,636	2,54	5,09	20,35	40,70	162,8	325,6	s

17

Da aufgrund der Definition der Autokorrelationsfunktion diese um $\tau = 0$ symmetrisch ist, läßt sich durch grafische Approximation der angenäherte Wert von $K(0)$ finden. Der exakte Wert für $K(0)$ kann demnach mit dem Rechner ISAC nicht ermittelt werden. Jedoch scheint die bei dieser Näherung erzielte Genauigkeit für die Bestimmung von $K(0)$ auszureichen.

Der Rechner ISAC besteht aus folgenden Baugruppen (Abb. 21):

1. Bandspeichereinheit mit verschiebbaren Impulsspeicherköpfen. Dazu gehören die Modulatoren, die Gleichspannungs- und Tiefstfrequenzsignale in ein Puls-Frequenz-Signal umwandeln, das auf Magnetband gespeichert werden kann, und die Demodulatoren, die das vom Magnetband kommende Puls-Frequenz-Signal wieder in ein Analog-Signal rückführen.
2. Der Multiplikator arbeitet nach einem speziell für diesen Zweck realisierten Multiplikationsverfahren (Pulshäufigkeit–Pulsamplitude).
3. Der Integrator führt die zeitliche Mittelwertbildung durch.
4. Steuereinheiten kontrollieren den automatischen Rechenablauf.
5. Der Schreiber zeichnet den Korrelationskoeffizienten $K(\tau)$ über der Verschiebung τ auf.
6. Die Netzgeräte versorgen das gesamte Gerät mit geregelten Spannungen.

Weiterhin enthält der Rechner Eingangsverstärker zur Vorverstärkung der zu untersuchenden Signale, Filter, mit denen der Frequenzbereich der Signale beschränkt werden kann, und Baugruppen, die für die Berechnung der Leistungsspektren und der Verteilungsdichte notwendig sind, wie ein Komparator, Filter und ein Quadriernetzwerk.

Zur Berechnung (Abb. 22) der Autokorrelationsfunktion wird die eingespeicherte Pulsfrequenz über die Wiedergabeköpfe A und B von Band abgenommen. Nach der Verstärkung des Signals erfolgt durch einen monostabilen Multivibrator seine Umformung in Rechtecke konstanter Größe. So läßt sich aus dieser Pulsfolge anschließend im Kanal A durch Filterung ein Analogsignal erzeugen, das proportional dem Eingangssignal $x(t)$ ist. Die Pulse von Kanal B schalten dieses Analogsignal.

Die resultierende, amplitudenmodulierte Pulsfolge ist ein Maß für das Produkt $x(t) \cdot x(t + \tau)$. Diese Pulsfolge wird integriert. Das Ausgangssignal des Integrators ist proportional dem Autokorrelationskoeffizienten $K(\tau) = M\{x(t) \cdot x(t + \tau)\}$. Nach Beendigung des Rechenzyklus (5 Sekunden für die kurze Bandschleife, 15 Sekunden für die lange Bandschleife) vermerkt ein Schreiber die Spannung des Integrators als einen Wert der Autokorrelationsfunktion. Der Integrator entlädt sich. Es erfolgt ein Weiterschalten des Kopfes B um τ. Dann beginnt der nächste Rechenzyklus. Alle diese Operationen laufen, durch Relais gesteuert, automatisch ab. Der Zeitpunkt, zu dem jeder Rechenzyklus beginnt, ist durch ein Loch im Magnetband festgelegt, das optisch abgetastet wird. Ein weiteres Loch stoppt nach 5 s bzw. 15 s die Rechnung. Es folgt dann ein Stück Band, das nicht auszuwerten ist. In dieser Zeit wird das Ergebnis niedergeschrieben und der Wiedergabekopf verstellt. Insgesamt können mit $\Delta l = 0{,}25$ mm 400 Punkte, bei $\Delta l = 1$ mm 100 Punkte der Autokorrelationsfunktion bestimmt werden.

4. Fehler bei der Berechnung der Autokorrelationsfunktion

Gemäß dem Bildungsgesetz der Autokorrelationsfunktion

$$\psi(\tau) = \lim_{T \to \infty} \frac{1}{2T} \int_{-T}^{+T} x(t) \cdot x(t+\tau)\, dt \qquad \text{(Gl. 26)}$$

wird die Existenz der Funktion $x(t)$ in einem unendlich langen Zeitintervall als bekannt vorausgesetzt. Diese idealisierte Annahme kann bei technischen Problemen meist nur mit sehr grober Näherung realisiert werden, denn

1. haben alle technischen Prozesse nur eine endliche Länge,
2. muß zur Errechnung der Autokorrelationsfunktion die Voraussetzung gemacht werden, daß das zu untersuchende Signal stationär ist oder wenigstens im Beobachtungszeitraum als stationär angesehen werden kann. Diese Voraussetzung läßt sich aber sehr oft nur für relativ kurze Zeiten und auch dann nur annähernd realisieren.

Die zur Analyse vorliegenden Signale sind also immer zeitlich begrenzt, und meist erfordert die praktische Auswertung eine weitere Verringerung der Zeit, sei es aus Gründen eines enorm anwachsenden Rechenaufwandes (bei den numerischen Verfahren), sei es wegen der begrenzten Analogspeicherzeit für das Signal $x(t)$ oder auch der begrenzten Integrationszeit eines elektronischen Autokorrelators. Soll besonders betont werden, daß die Beobachtungszeit T begrenzt ist, so spricht man im hier vorliegenden Fall der Autokorrelation von einer Kurzzeit-Autokorrelationsfunktion.

Es ist im folgenden zu beachten, daß begrifflich und in der Bezeichnungsweise unterschieden wird zwischen den Kenngrößen einer Grundgesamtheit und den Kenngrößen einer der Gesamtheit entnommenen Stichprobe.

Tab. 2 Bezeichnung von Merkmalen einer statistischen Grundgesamtheit und der einer Grundgesamtheit entnommenen Probe

	Grundgesamtheit	Der Grundgesamtheit entnommene Probe
Mittelwert	$\mu = \bar{x} = E[x]$	$M\{x\}$
Varianz	σ^2	s^2
Korrelationskoeffizient	ψ	K
Korrelationsfunktion	$\psi(\tau)$	$K(\tau)$

Die nach der Gleichung

$$K(\tau) = \frac{1}{2T} \int_{-T}^{+T} x(t) \cdot x(t+\tau)\, dt \qquad \text{(Gl. 27)}$$

errechnete Größe $K(\tau)$, die in der Literatur auch oft einseitig begrenzt angegeben wird,

$$K(\tau) = \frac{1}{T} \int_{0}^{+T} x(t) \cdot x(t+\tau)\, dt \qquad \text{(Gl. 28)}$$

ist also eine Näherung für die exakte Größe $\psi(\tau)$, und es ist zu prüfen, mit welchem Vertrauensbereich das errechnete $K(\tau)$ bei vorgegebenem T die Autokorrelationsfunktion $\psi(\tau)$ beschreibt (immer unter der Voraussetzung eines wenigstens im Beobachtungszeitraum stationären Signals).

Bei der Berechnung der Autokorrelationsfunktion wird das Signal $x(t)$ und das um τ verschobene Signal $x(t+\tau)$ einem Multiplikator zugeführt. Da die beiden Eingangsfunktionen des Multiplikators stochastische Prozesse beschreiben, hat auch das Produkt beider Funktionen $z(t) = x(t+\tau) \cdot x(t)$ einen stochastischen Charakter. Von diesem durch Multiplikation gebildeten Schwankungsvorgang läßt sich schließlich gemäß dem Bildungsgesetz der Autokorrelationsfunktion der zeitliche Mittelwert (bzw. bei Bestimmung der Kurzzeit-Autokorrelationsfunktion der Kurzzeit-Mittelwert $M\{z\}$) bilden. Wiederholt man diese Mittelwertbildung (gleiche statistische Eigenschaften der Signale $x(t)$ und $x(t+\tau)$ vorausgesetzt) in großen zeitlichen Abständen, so ergibt sich eine Streuung der gefundenen Mittelwerte. Damit bildet der bei der Berechnung der Kurzzeit-Autokorrelationsfunktion gefundene Einzelwert $K(\tau)$ ein Ereignis des Ensembles der Werte $M\{z\}$, und es läßt sich die Varianz σ_M^2 der Kurzzeit-Mittelwerte bestimmen.

Diese Streuung ist darauf zurückzuführen, daß wegen der endlichen Integrationszeit T bei der Berechnung der Kurzzeit-Autokorrelationsfunktion der für die Bestimmung der tatsächlichen Autokorrelationsfunktion notwendige Grenzwert $\lim\limits_{T\to\infty}$ nicht gebildet werden kann; d. h. die Varianz σ_M^2 ist eine Funktion der Auswertzeit T. Für die Varianz (das zentrale Moment zweiter Ordnung) der zufälligen Veränderlichen $M\{z\}$ mit Mittelwert $E[M\{z\}] = m$ gilt:

$$\sigma_M^2 = E[M\{z\} - E[M\{z\}]]^2 \qquad \text{(Gl. 29)}$$

Nach den Regeln der Statistik [41] ist:

$$\begin{aligned}\sigma_M^2 &= E[M\{z\} - m]^2 \\ &= E[M^2\{z\} - 2M\{z\}m] + m^2 \\ &= E[M^2\{z\}] - m^2\end{aligned} \qquad \text{(Gl. 30)}$$

Der Kurzzeit-Mittelwert einer Autokorrelationsberechnung sei:

$$M\{z(t)\} = \frac{1}{2T}\int_{-T}^{+T} z(t)\,dt \qquad \text{(Gl. 31)}$$

Wird nun der Erwartungswert der Kurzzeit-Mittelwerte $M\{z(t)\}$ gebildet, so ergibt sich:

$$E[M\{z(t)\}] = E\left[\frac{1}{2T}\int_{-T}^{+T} z(t)\,dt\right] \qquad \text{(Gl. 32)}$$

Jetzt werden die Operatoren E (Erwartungswert) und M (zeitliche Integration) vertauscht. Dies führt, wie DAVENPORT [42] und ROOT [42] zeigen, zu

$$E[M\{z(t)\}] = M\{E[z(t)]\} = \frac{1}{2T}\int_{-T}^{+T} E[z(t)]\,dt \qquad \text{(Gl. 33)}$$

Da $E[z(t)]$ keine Funktion von t ist, wird:

$$E[M\{z(t)\}] = E[z(t)] = m \qquad \text{(Gl. 34)}$$

d. h. der Erwartungswert eines stationären Vorganges ist gleich dem Erwartungswert von Zeitmittelwerten. Der zur Bestimmung der Varianz σ_M^2 erforderliche Erwartungswert $E[M^2\{z\}]$ kann bei dem hier vorliegenden Problem auch durch den Erwartungswert einer zweidimensionalen Variablen $M\{t_1, t_2\}$ ersetzt werden, denn $M\{z\}$ ist eine Funktion von t_1 und t_2, da $z(t) = z(t_1) \cdot z(t_2)$ ist.
Die Verwendung obiger Gleichungen führt auf:

$$\sigma_M^2 = E[M\{t_1, t_2\}] - m^2$$
$$= E[M\{z(t_1) \cdot z(t_2)\}] - m^2$$
$$= E\left[\frac{1}{4T^2} \int_{-T}^{+T} \int_{-T}^{+T} z(t_1) \cdot z(t_2)\, dt_1 dt_2\right] - m^2$$
$$= \frac{1}{4T^2} \int_{-T}^{+T} \int_{-T}^{+T} E[z(t_1) \cdot z(t_2)]\, dt_1 dt_2 - m^2$$

Mit

$$E[z(t_1) \cdot z(t_2)] = \psi(t_2 - t_1),$$

wobei

$$\psi(t_2 - t_1) = \psi(u) \qquad \text{(Gl. 35)}$$

die Autokorrelationsfunktion von $z(t)$ ist, gilt

$$\sigma_M^2 = \frac{1}{4T^2} \int_{-T}^{+T} \int_{-T}^{+T} \psi(t_2 - t_1)\, dt_1 dt_2 - m^2$$
$$= \frac{1}{4T^2} \int_{-T}^{+T} \int_{-T}^{+T} [\psi(t_2 - t_1) - m^2]\, dt_1 dt_2$$

Mit

$$t_2 - t_1 = u \quad \text{für} \quad t_2 = \text{konst:} \; -dt_1 = du$$

$$\sigma_M^2 = \frac{1}{4T^2} \int_{-T}^{+T} \int_{t_2-T}^{t_2+T} [\psi(u) - m^2]\, du\, dt_2,$$

da für

$$t_1 = -T: \; u = t_2 + T$$
$$t_1 = +T: \; u = t_2 - T$$

gesetzt wird.

Es ist nun, wie DAVENPORT [42] und ROOT [42] gezeigt haben, möglich, durch einige geschickte Umformungen das Doppelintegral in ein Einfachintegral zu überführen. Das Integrationsgebiet erstreckt sich über das in der Abb. 23 dargestellte Parallelogramm.
Da die Autokorrelationsfunktion $\psi(u)$ eine gerade Funktion von u (und keine Funktion von t_2) ist, ergibt sich für das Integral über die Gesamtfläche des Parallelogrammes der doppelte Wert des Parallelogrammteiles, der rechts von der t_2-Achse liegt:

$$\sigma_M^2 = \frac{1}{2T^2} \int_0^{2T} \int_{-T+u}^{T} [\psi(u) - m^2]\, dt_2\, du \qquad \text{(Gl. 36)}$$

Da $\psi(u) - m^2$ keine Funktion von t_2 ist, wird

$$\sigma_M^2 = \frac{1}{2T^2} \int_0^{2T} [\psi(u) - m^2] \int_{-T+u}^{T} dt_2 \, du$$

$$= \frac{1}{2T^2} \int_0^{2T} [\psi(u) - m^2] \cdot (2T - u) \, du \qquad \text{(Gl. 37)}$$

Damit ergibt sich die Formel von DAVENPORT:

$$\sigma_M^2 = \frac{1}{T} \int_0^{2T} \left(1 - \frac{u}{2T}\right) [\psi(u) - m^2] \, du \qquad \text{(Gl. 38)}$$

Diese Formel für die Bestimmung der Varianz der Näherungswerte der Kurzzeit-Autokorrelationsfunktion enthält auch die Autokorrelation der Näherungswerte. Aus diesem Grunde wäre es für die Bestimmung von σ_M^2 nötig, die Funktion $\psi(u)$ zu kennen oder σ_M^2 aus den statistischen Größen von $x(t)$ zu bestimmen. Das Integral

$$\int_0^{2T} [\psi(u) - m^2] \, du, \quad \text{mit} \quad m = E[x(t) \cdot x(t + \tau)] \qquad \text{(Gl. 39)}$$

müßte vor der Berechnung einer Kurzzeit-Autokorrelationsfunktion bekannt sein, um den bei der Berechnung gemachten Fehler zu beschreiben. Es ist also notwendig, eine viel kompliziertere statistische Größe zu kennen, nämlich die Autokorrelationsfunktion für

$$x(t) \cdot x(t + \tau) \cdot x(t + u) \cdot x(t + \tau + u) \qquad \text{(Gl. 40)}$$

Eine theoretische Bestimmung der Varianz ist auch näherungsweise sehr unvollkommen, da von dem zu untersuchenden Signal $x(t)$ voraussetzungsgemäß keine statistischen Eigenschaften bekannt sein sollen. Es ist also nicht möglich, aufgrund einer theoretischen Vorbetrachtung den bei der Berechnung auftretenden Fehler anzugeben. Dies ist ein Problem, das bei vielen physikalischen und technischen Berechnungen auftritt. Trotzdem ergibt eine Fehlerbetrachtung meist tiefere Einblicke in die Gesetzmäßigkeiten hinsichtlich der Herkunft und der Größe der auftretenden Fehler.
In diesem Rahmen empfielt DAVENPORT [22] für sehr kurze Beobachtungszeiten $T \to 0$ folgende Näherungslösung für σ_M^2:

$$\sigma_M^2 \approx [\psi(0) - m^2] \cdot \frac{1}{T} \int_0^{2T} \left(1 - \frac{u}{2T}\right) du \qquad \text{(Gl. 41)}$$

da sich für sehr kleine Beobachtungszeiten der Wert $\psi(u)$ dem Wert für $\psi(0)$ (d. h. bei $u = 0$) sehr nähert.

Mit

$$\frac{1}{T} \int_0^{2T} \left(1 - \frac{u}{2T}\right) du = 1$$

ergibt sich

$$\sigma_M^2 \approx [\psi(0) - m^2] \qquad \text{(Gl. 42)}$$

und damit wird

$$\psi(0) = E[M^2\{z(t)\}]$$
$$\sigma_M^2 \approx \sigma_z^2$$

Daraus folgt, daß für sehr kleine Beobachtungszeiten $T \to 0$ die Varianz des Mittelwertes der Kurzzeit-Autokorrelationsfunktion gleich der Varianz des Schwankungsvorganges $z(t)$ ist. Für sehr große Beobachtungszeiten läßt sich ebenfalls eine Näherung angeben. Für $T \to \infty$ wird

$$\sigma_M^2 \approx \lim_{T \to \infty} \frac{1}{T} \int_0^{2T} [\psi(u) - m^2] \, du \qquad \text{(Gl. 43)}$$

wobei das Glied $\dfrac{u}{T}$ vernachlässigt wurde. Leider führt auch diese an und für sich verwertbare Gleichung nur zu einer Vereinfachung, welche die Autokorrelationsfunktion $\psi(u)$ noch immer enthält. Jedoch ergibt sich aus der letzten Gleichung für die Varianz σ_M^2 folgende Aussage:

Mit wachsender Intervallänge T nimmt die Standardabweichung σ_M etwa mit $\dfrac{1}{\sqrt{T}}$ ab.

Um also die Standardabweichung auf die Hälfte zu reduzieren, muß die Auswertzeit T vervierfacht werden. Dieser Verlängerung der Auswertzeit wird meist eine Grenze gesetzt durch die Bedingung, daß das Signal im Beobachtungszeitraum stationär sein muß, sowie durch die Forderung nach möglichst zeitsparender Auswertung.

5. Anwendung der Autokorrelationsfunktion in der Textiltechnik

Obgleich in der Textiltechnik der Korrelationskoeffizient eine bekannte und viel verwendete Größe zum Vergleich zweier Meßreihen ist, wurde hier die Autokorrelationsfunktion bislang nur selten zur Kennzeichnung stochastischer Vorgänge verwendet. Das ist wahrscheinlich darauf zurückzuführen, daß, bedingt durch die historische Entwicklung, die Beurteilung der Ungleichmäßigkeit von Garnen lange Zeit durch die Methode des Schneidens und Wiegens erfolgte. Dies war die Voraussetzung für die Entwicklung der Längenvariationskurve $CB(L)$, die im Laufe der Zeit eingehend mathematisch untersucht wurde [9–13, 21] und in vielen Forschungsarbeiten zur Kennzeichnung der Garnungleichmäßigkeiten Verwendung fand [1, 44–46] und noch findet.

In der Textiltechnik hat vornehmlich im letzten Jahrzehnt die in der Dynamik und der theoretischen Elektrotechnik bekannte Kennfunktion »Spektrum« in Form des Wellenlängenspektrums Eingang gefunden. Für die Bestimmung der Spektrumsfunktion hat die Firma Zellweger AG (Uster, Schweiz) den Spektrografen Uster entwickelt, mit dem in relativ kurzer Zeit eine wenigstens halbquantitative Aussage über periodische Garnfehler gemacht werden kann [6, 7, 8, 48].

Dagegen wird die Autokorrelationsfunktion zur Bestimmung der Ungleichmäßigkeit von Faserlängsverbänden noch nicht allgemein verwendet. Dies ist wohl mit darauf zurückzuführen, daß bislang keine für diesen speziellen Zweck geeigneten Geräte zur Bestimmung der Autokorrelationsfunktion zur Verfügung stehen. Wohl haben Martindale [39] und Revesz [25] spezielle Korrelationsrechner entwickelt. Jedoch scheiterte der Einsatz am technischen Aufwand, der zur Zeit der Entwicklung der beiden Rechner (Martindale 1941, Revesz 1954) noch nicht zu rechtfertigen war. Cox [23] und

TOWNSEND [23] haben 1951 einen Hollerith-Rechner zur Berechnung der Autokorrelationsfunktion eingesetzt. Es wurde festgestellt, daß die Rechenkosten zu hoch waren. Bedingt durch die Fortschritte der letzten Jahre vornehmlich auf den Gebieten der mathematischen Statistik und der automatischen Datenverarbeitung stehen heute verschiedene Korrelationsrechner zur Verfügung. Dies wurde vor allem von japanischen Forschern genutzt. So haben zum Beispiel FUJINO [27] und KAWABATA [27], MURAKAMI [28], IIDA [28] und SAKANE [28] sowie auch SHIMIZU [29] und ISHIKAWA [29] mit Hilfe solcher Analogkorrelatoren Faserlängsverbände untersucht. Leider sind in den Veröffentlichungen die Details der Berechnungsverfahren wie auch die Interpretationen der Ergebnisse sehr kurz behandelt. Wie es in dem Abschnitt 2.2 gezeigt wurde, ist es mit Hilfe der Autokorrelationsfunktion gut möglich, auch noch sehr geringe Periodizitäten der Faserlängsverbände zu entdecken. Diese Periodizitäten werden von den stochastisch bedingten Ungleichmäßigkeiten klar und eindeutig getrennt. Auch beim Spektrum, wie es zum Beispiel mit dem Uster-Spektrografen [4] bestimmt wird, sind periodische Ungleichmäßigkeitsanteile erkennbar. Jedoch können diese in ungünstigen Fällen durch die ideale Ungleichmäßigkeit verdeckt werden, da beide im gleichen Frequenzbereich liegen. Solche Schwierigkeiten gibt es bei der Verwendung der Autokorrelationsfunktion nicht, da das Autokorrelogramm eines Rauschvorganges je nach der Bandbreite mehr oder weniger schnell abfällt, die Periodizität jedoch über alle τ-Werte gleich deutlich angezeigt wird. Weiterhin sind häufiger auftretende kurzzeitige Ungleichmäßigkeitsanteile oszillatorischer Art gut zu erkennen. Sie werden in der Autokorrelationsfunktion als eine von $\tau = 0$ abklingende Schwingung dargestellt (Abb. 10). Insbesondere für die periodischen Störungen mit Wiederholungsneigung bietet die Autokorrelationsfunktion die einzige Möglichkeit für eine Bestimmung.

6. Autokorrelationsfunktion tatsächlicher Faserlängsverbände

Als Meßwertwandler fand das Ungleichmäßigkeitsprüfgerät Uster Verwendung. Bei diesem Gerät wird mittels eines elektrischen Kondensatorfeldes die Meßgröße »Masse« in eine elektrische Spannung verwandelt. Da die einzelnen Komponenten eines Mischgarnes unterschiedliche Dielektrizitätskonstanten besitzen, werden durch Schwankungen des Mischungsverhältnisses elektrische Spannungsänderungen verursacht und damit zusätzliche Masseschwankungen vorgetäuscht. Aus diesem Grunde ist die kapazitive Meßwertwandlung für Mischgarne ungeeignet. Da für die Bestimmung der Autokorrelationsfunktion als Meßwertwandler ein Kondensator Verwendung fand, konnten nur Garne aus Fasern gleicher Provenienz untersucht werden.
Wie aus Versuchen von WEGENER [1] und EGBERS [1] hervorgeht, kann auch die von dem zu untersuchenden Faserlängsverband aufgenommene Feuchtigkeit die Meßergebnisse verfälschen. Deshalb wurden die Garne vor Beginn der Versuche mit geringer Fadenzugkraft auf Haspeln umgespult und mehrere Tage bei Normalklima ausgelegt. Bei Langzeitversuchen kann das Klima während der Messung schwanken und somit das Meßergebnis weiterhin beeinflussen. WEGENER [47] und GUSE [47] wiesen nach, daß Querfeldkondensatoren wesentlich weniger feuchtigkeitsempfindlich sind als Längsfeldkondensatoren. Um den Einfluß der Klimaschwankungen auf das Meßergebnis gering zu halten, wurde deshalb für die Bestimmung der Autokorrelationsfunktion als Meßwertwandler ein Querfeldkondensator verwendet. Die kleinste analysierbare Wellenlänge der

Masseschwankungen ist mindestens genauso groß wie die vom Meßwertwandler erfaßte wirksame Länge des Faserlängsverbandes. Wie WEGENER [47] und GUSE [47] anhand von Eichbändern mit Rechtecksprung nachwiesen, beträgt bei dem Ungleichmäßigkeitsprüfgerät Uster (Meßfeldlänge des Kondensators: 8 mm) die kleinste analysierbare Wellenlänge 15 mm. Die kleinste analysierbare Wellenlänge ließe sich nur dann wesentlich verringern, wenn ein Längsfeldkondensator Verwendung fände. Darauf wurde jedoch wegen der großen Feuchtigkeitsempfindlichkeit der Längsfeldkondensatoren verzichtet.

In Voruntersuchungen wurde zunächst aufgrund der aufgezählten Schwierigkeiten optischen und mechanischen Meßwertwandlern der Vorzug gegeben. Nachdem es aber gelungen war, die funktionsbedingten Nachteile der kapazitiven Meßwertwandler abzugrenzen, fand später für die Bestimmung der Autokorrelationsfunktion doch das Ungleichmäßigkeitsprüfgerät Uster als Meßwertwandler Verwendung. Die Benutzung des Uster-Gerätes als Meßwertwandler hat den Vorteil, daß gleichzeitig mit der Autokorrelationsfunktion die Spektrumsfunktion bestimmt werden kann. Auf diese Weise ist es möglich, beide Funktionen miteinander zu vergleichen. Ein zusätzlicher Fehler, der bei der Ermittlung der beiden Funktionen mit unterschiedlichen Meßwertwandlern entstehen könnte, wird vermieden.

Die Autokorrelationsfunktion wurde für drei ausgewählte Garne ermittelt. Die Masseschwankungen des Garnes I haben eine Periode mit einer Wellenlänge von etwa 3 m. Bei dem Garn II weisen die Masseschwankungen eine starke Periode mit einer Wellenlänge von etwa 8 cm auf. Die Masseschwankungen des Garnes III besitzen dagegen nur eine schwache Periode von etwa 6,5 cm Wellenlänge.

Mittels der Autokorrelationsfunktion sollen die entlang des Faserlängsverbandes auftretenden Masseschwankungen charakterisiert werden. Aus diesem Grunde wurde die bisher als Variable benutzte Zeitverschiebung τ in eine Garnlänge l umgerechnet und der Autokorrelationskoeffizient $K(l)$ über der Garnlänge l aufgetragen (Abb. 24, 26, 28). Die Zeitverschiebung τ und die Variable »Garnlänge l« sind einander proportional.

Bei dem Garn I [gekämmte Baumwolle, 20 tex (Nm 50)] wurde die Autokorrelationsfunktion zunächst für einen Längenbereich von 1,5 cm bis 53 cm ermittelt (Abb. 24a). Der durch die ideale Ungleichmäßigkeit bedingte Steilabfall [3] ist bei einer Garnlänge von etwa 3 cm beendet. Im Bereich zwischen 3 cm und 30 cm ist eine relativ große Schwankung festzustellen, die als Störschwingung von etwa 36 cm Wellenlänge interpretiert werden kann. Die Länge dieser nur zeitweilig auftretenden Schwingung beträgt etwa $^3/_4$ der Wellenlänge. Oberhalb von 30 cm schwankt die Funktion nur noch wenig. Daraus ist zu schließen, daß in diesem Längenbereich keine weitere Periodizität auftritt.

In der Abb. 24b ist die Autokorrelationsfunktion für den Längenbereich von 0,4 m bis 8 m dargestellt. In diesen Bereich fällt die von dem Spinner angegebene Periodizität mit einer Wellenlänge von etwa 3 m. Aus dem Verlauf der Autokorrelationsfunktion ist zu ersehen, daß die periodische Störung von etwa 3 m Wellenlänge nur zeitweilig auftritt. Die Länge der Störschwingung beträgt im Mittel $1^3/_4$ der Wellenlänge.

Da die theoretische Vorausbestimmung des erforderlichen Meßumfanges außerordentlich schwierig ist, erfolgte die Berechnung der Autokorrelationsfunktion zunächst mit der kleinen Bandschleife des Rechners (266 m Garn). Dabei ergab sich eine relativ große Streuung der Meßwerte. Aus diesem Grunde wurde der Meßumfang später auf das Dreifache vergrößert. Wie es aus der Abb. 24b zu ersehen ist, treten auch dann noch Unregelmäßigkeiten in der Autokorrelationsfunktion auf. Für die Ermittlung der Autokorrelationsfunktion ist demnach ein relativ großer Versuchsumfang erforderlich.

In der für das Garn I ermittelten Längenvariationsfunktion lassen sich erwartungsgemäß die nur sehr schwach ausgebildeten periodischen Störungen nicht feststellen (Abb. 25a). Dagegen ist in dem für das Garn I mit dem Uster-Spektrografen bestimmten Wellenlängenspektrum, wenn auch nur schwach, eine Periode mit einer Wellenlänge von etwa 40 cm zu erkennen (Abb. 25b). Die bei einer Wellenlänge von etwa 3 m auftretende Periode ist dagegen mittels der Spektrumsfunktion nicht nachzuweisen. Dies ist vermutlich damit zu erklären, daß die anhand der Autokorrelationsfunktion nachweisbaren Perioden mit Phasensprüngen im Wellenlängenspektrum nicht hervortreten. Mit Hilfe des Uster-Spektrografen können vielmehr nur phasenstarre periodische Störungen festgestellt werden. Als Vorteil der Spektrumsfunktion ist dagegen anzusehen, daß ihre Ermittlung nur etwa 10 min dauert, während die Bestimmung der Autokorrelationsfunktion etwa 2 Stunden in Anspruch nimmt.

Die Masseschwankungen des Garnes II [gekämmte Baumwolle, 14,3 tex (Nm 70)] haben eine während des Spinnprozesses absichtlich erzeugte Periode mit einer Wellenlänge von etwa 8 cm. Der Versuchsumfang für die Bestimmung der Autokorrelationsfunktion betrug 50 m Garn. In der Abb. 26a ist die errechnete Autokorrelationsfunktion dargestellt. Wie es zu ersehen ist, besitzen die Masseschwankungen des Garnes II eine strenge Periode mit einer Wellenlänge von 7,2 cm. Im Gegensatz zu den Masseschwankungen des Garnes I weisen die Masseschwankungen des Garnes II weder im Längenbereich von 0 bis 53 cm noch im Längenbereich von 0,4 m bis 8,5 m andere Störschwingungen auf.

Aufgrund der Erläuterungen des Kapitels 2.2 läßt sich zu der experimentell ermittelten Autokorrelationsfunktion eine »erwartete Autokorrelationsfunktion« errechnen. Diese stellt für den Fall einer strengen Periodizität nach Beendigung des anfänglichen Steilabfalles eine Cosinus-Funktion dar. Aus einem Vergleich zwischen der Abb. 26a und der Abb. 26b geht hervor, daß die experimentell ermittelte und die theoretisch zu erwartende Funktion gut übereinstimmen. Die »erwartete Autokorrelationsfunktion« wurde mit der Wellenlänge der experimentell ermittelten Autokorrelationsfunktion errechnet. Dies war möglich, da die Wellenlänge aus dem Korrelogramm sehr genau bestimmt werden kann. Wie es aus Kontrollmessungen mit Sinus-Signalen hervorgeht, ist der maximale Fehler nicht größer als 1% des Endwertes.

SPENCER-SMITH [50] und TODD [50] sowie WEGENER [3] und HOTH [3] bestimmten die Autokorrelationsfunktion für einen idealen Faserlängsverband nach BRENY [49]. Sie stellten fest, daß die Autokorrelationsfunktion eines idealen Faserlängsverbandes mit der Faserbartkurve identisch ist. Vorausgesetzt, daß die Faserlängen gleich häufig verteilt sind, ergibt sich für die Autokorrelationsfunktion des idealen Faserlängsverbandes der in der Abb. 26c dargestellte Verlauf. Wie es aus einem Vergleich zwischen der experimentell ermittelten Autokorrelationsfunktion (Abb. 26a) und der Autokorrelationsfunktion des idealen Faserlängsverbandes (Abb. 26c) hervorgeht, stimmen im Längenbereich zwischen 0 und etwa 3 cm beide Kurvenverläufe gut miteinander überein. Das gleiche trifft sinngemäß für die entsprechenden Kurven der Garne I und III zu.

Anhand der Längenvariationsfunktion ist auch bei dem Garn II keine Periode der Masseschwankungen nachzuweisen (Abb. 27a). Dagegen ist in dem für das Garn II mit dem Uster-Spektrografen ermittelten Wellenlängenspektrum eine Periode mit einer Wellenlänge von etwa 7,5 cm zu erkennen (Abb. 27b).

Für die Masseschwankungen des Garnes III [Baumwolle, 25 tex (Nm 40)] ergibt sich eine ähnliche Autokorrelationsfunktion (Abb. 28a) wie für die Masseschwankungen des Garnes II. Die Wellenlänge der Periode beträgt 6,3 cm. Die Amplitude der Schwankungen ist etwas geringer als bei dem Garn II (Abb. 26a und Abb. 28a).

In dem Wellenlängenspektrum ist bei einer Wellenlänge von 6,3 cm deutlich eine Periode zu erkennen (Abb. 29).

Der Aussagewert der Autokorrelationsfunktion wurde anhand der Masseschwankungen dreier ausgewählter Garne erläutert. Die gemachten Aussagen treffen jedoch sinngemäß auch auf andere Faserlängsverbände zu.

7. Zusammenfassung

Zur Beschreibung der Ungleichmäßigkeit von Faserlängsverbänden lassen sich drei Kennfunktionen bilden: die Längenvariationsfunktion, die Spektrumsfunktion und die Autokorrelationsfunktion. In der vorliegenden Abhandlung wird die Autokorrelationsfunktion definiert und interpretiert. Die Verfasser beschreiben verschiedene Verfahren, nach denen die Autokorrelationsfunktion bestimmt werden kann. Der Aussagewert der Autokorrelationsfunktion wird anhand der Masseschwankungen dreier ausgewählter Garne erläutert. Wie es aus den Versuchsergebnissen hervorgeht, lassen sich mit Hilfe der Autokorrelationsfunktion nicht nur phasenstarre Perioden der Masseschwankungen nachweisen, wie es mit Hilfe der Spektrumsfunktion möglich ist, sondern darüber hinaus auch Perioden mit Phasensprüngen. Die Querstreuung zwischen verschiedenen Lieferstellen kann dagegen nicht ohne weiteres erfaßt werden.

8. Literaturverzeichnis

[1] WEGENER, W., und G. EGBERS, Der Durchmesser, ein Merkmal der Garnungleichmäßigkeit, und seine Auswirkung auf das Gewebeaussehen. Forschungsbericht des Landes Nordrhein-Westfalen Nr. 1651, Westdeutscher Verlag, Köln und Opladen 1966.

[2] GIESEKUS, H., Die statistische Analyse der Garn- und Fadenungleichmäßigkeit. Faserforschung u. Textiltechnik 10 (1959), 275–282, 338–345, 359–368, 420–429.

[3] WEGENER, W., und E. G. HOTH, Die Darstellung der Ungleichmäßigkeit eines Faserverbandes. Melliand Textilberichte 41 (1960), 10–15.

[4] Zellweger AG, Uster, Schweiz, Handbuch für den Spektrografen Uster. Teil I und II, Ausgabe 1956.

[5] WEGENER, W., Die Mehrfach-Summations- und Auswertanlage Aachen II. Melliand Textilberichte 46 (1965), 1284–1292.

[6] FELIX, E., Moderne Gleichmäßigkeitsprüfanlagen. Textil-Rundschau (St. Gallen) (1961), 207–215.

[7] FELIX, E., Bestimmung mechanischer Fehler der Spinnerei mit Hilfe des Wellenlängen-Spektrums. Melliand Textilberichte 36 (1955), 698–702.

[8] FELIX, E., Analysierung der Ungleichmäßigkeit von Garnen, Vorgarnen und Bändern anhand des Wellenlängen-Spektrums. Textil-Rundschau (St. Gallen) (1955), Heft 1.

[9] WEGENER, W., und H. PEUKER, Die Ermittlung von Punkten der $CB(L)$-Kurve nach dem diskontinuierlichen Summations- und Auswertverfahren. Textil-Praxis 13 (1958), 133–143.

[10] WEGENER, W., und E. G. HOTH, Die Berechnung der idealen Längenvariationsfunktion. Melliand Textilberichte 43 (1962), 1260–1263.

[11] WEGENER, W., und E. G. HOTH, Die Überlagerungsmethode zur Bestimmung der idealen Längenvariationsfunktion. Melliand Textilberichte 44 (1963), 237–246.

[12] WEGENER, W., und E. G. HOTH, Umrechnung zwischen der Spektrumsfunktion und der Längenvariationsfunktion. Melliand Textilberichte 45 (1964), 611–614, 735–739, 863–867.

[13] WEGENER, W., und H. PEUKER, Methoden und Geräte zur Ermittlung von Punkten der Längenvariationskurve $CB(L)$. Textil-Praxis 12 (1957), 1183–1191.

[14] WEGENER, W., und H. PEUKER, Die $CB(L)$-Längenvariation. Textil-Praxis 12 (1957), 980–991.

[15] WEGENER, W., und H. PEUKER, Wie kann man periodenbehaftete Baumwollgarne hinsichtlich der Garn- und Gewebeungleichmäßigkeit verbessern? Zeitschrift ges. Textilindustrie 60 (1958), 842–849, 933–936, 1006–1011.

[16] WEGENER, W., und W. ROSEMANN, Berechnung der Längenvariationskurven mit Hilfe der Fourier-Reihen. Melliand Textilberichte 40 (1959), 242–245, 371–376.

[17] WEGENER, W., und W. ROSEMANN, Beispiele für Längenvariationskurven bei einfachen Materialdichten. Melliand Textilberichte 39 (1958), 844–852.

[18] WEGENER, W., und W. ROSEMANN, Das Verhalten der Längenvariationskurve für kleinere Integrationslängen. Melliand Textilberichte 39 (1958), 368–375.

[19] WEGENER, W., und W. ROSEMANN, Die statistische und geometrisch-analytische Definition der Längenvariationskurve. Melliand Textilberichte 38 (1957), 1340–1345.

[20] WEGENER, W., und W. ZAHN, Prüfapparate und Methoden zur Ermittlung der Garnungleichmäßigkeit. Textil-Praxis 9 (1954), 21–25, 134–141, 246.

[21] WEGENER, W., und W. ZAHN, Die Längenvariations-Charakteristik in der Spinnerei. Melliand Textilberichte 36 (1955), 686–691, 776–780.

[22] DAVENPORT, W. B., R. A. JOHNSON und D. MIDDLETON, Statistical Errors in Measurements on Random Time Functions. Journal Appl. Physics 23 (1952), 377–388.

[23] COX, D. R., und M. W. TOWNSEND, The Use of Correlograms for Measuring Yarn Irregularity. Journal Textile Inst. 42 (1951), P 145–P 151.

[24] SPENCER-SMITH, J. L., The Estimation of Fibre Quality. Journal Textile Inst. 38 (1947), P 257–P 272.

[25] REVESZ, G., An Autocorrelogram Computer. J. Sci. Instr. 31 (1954), 406–410.

[26] TOWNSEND, M. W., und D. R. COX, The Analysis of Yarn Irregularity. Journal Textile Inst. 42 (1951), P 107–P 113.

[27] FUJINO, K., und S. KAWABATA, Probabilistic and Mathematical Model of Fibre Assembly and its Application to Drafting Process Analysis Using Specially Designed Analogue Computer »Spinning Simulator«. Inst. Textile France, IIIe Congrés International de la Recherche Textile Lainiére, Paris 29 juin–9 juillet 1965.

[28] MURAKAMI, F., Y. IIDA und SAKANE, Analysis of Yarn or Sliver Irregularity by Specially Designed Analog Correlation. Journal Textile Mach. Soc. Japan, Vol. 15, No. 4 (1963), Japan. Edition.

[29] SHIMIZU, I., und S. ISHIKAWA, Dynamic Property or Wool Sliver Drafting and its Automatic Control. Inst. Textile France, IIIe Congrés International de la Recherche Textile Lainiére, Paris 29 juin–9 juillet 1965.

[30] AONO, H., F. MURAKAMI und Y. ARAI, CAS System and some of its Dynamic Characteristics. Journal Textile Mach. Soc. Japan, Vol. 8, No. 2 (1962), 1–9.

[31] NOZAKI, CH, und A. AINO, Methods of Measuring and Evaluating Yarn Irregularity. Journal Textile Mach. Soc. Japan, Vol. 1, No. 2 (1955), 24–31.

[32] MURAKAMI, F., und T. SHOMAN, Time Delay Element Consisting of Timer Relays. Journal Textile Mach. Soc. Japan, Vol. 8, No. 2 (1962), 10–14.

[33] MIHIRA, K., Progress in Study on the Unevenness of Slivers and Yarns in Japan, Journal Textile Mach. Soc. Japan, Vol. 8, No. 3 (1962), 3–11.

[34] STANGE, K., und H. J. HENNING, Formeln und Tabellen der mathematischen Statistik. Springer Verlag, Berlin–Göttingen–Heidelberg 1966.

[35] LANGE, F. H., Korrelationselektronik. VEB Verlag Technik, Berlin.

[36] CHINTSCHIN, A., Korrelationstheorie der statistischen stochastischen Prozesse. Mathem. Annalen 109 (1933/34), 604–615.

[37] KÜPFMÜLLER, K., Einführung in die theoretische Elektrotechnik, 7. Auflage. Springer Verlag, Berlin–Göttingen–Heidelberg 1962.

[38] WEGENER, W., Die Registrieranlage Aachen. Melliand Textilberichte 46 (1965), 525–532.

[39] MARTINDALE, J. G., A Correlation Periodograph for the Measurement of Periods in Disturbed Wave-Forms. Journal Textile Inst. 32 (1941), T 71–T 82.

[40] LEE, Y. W., Communication Applications of Correlation Analysis. Symposium on Appl. of Autocorr. Analysis to Physical Problems. Wood Hole, Mass. (1949), 4–23.

[41] FISZ, M., Wahrscheinlichkeitsrechnung und mathematische Statistik. VEB Verlag der Wissenschaften, Berlin 1958.

[42] DAVENPORT, W. B., und W. L. ROOT, An Introduction to the Theory of Random Signals and Noise. McGraw-Hill, New York–Toronto–London 1958.

[43] TOWNSEND, M. W., The Assessment of Yarn Quality. Journal Textile Inst. 40 (1949), P 566–P 582.

[44] WEGENER, W., Aufstellung und Vergleich von Variance-within- und Variance-between-Kurven von Garnen, die nach verschiedenen Spinnverfahren hergestellt werden. Forschungsbericht des Landes Nordrhein-Westfalen Nr. 632, Westdeutscher Verlag, Köln und Opladen 1958.

[45] WEGENER, W., und H. PEUKER, Verkürzte Baumwollspinnerei, Zeitschrift ges. Textilind. Mönchengladbach 1965.

[46] WEGENER, W., und H. PEUKER, Beziehungen zwischen dem Warenbild, der $CB(L)$- und $CB(F)$-Charakteristik. Textil-Praxis (1958), 261–267, 365–371.

[47] WEGENER, W., und R. GUSE, Vergleich von Meßkondensatoren unterschiedlicher Bauart für die kapazitive Bestimmung der Ungleichmäßigkeit von Faserverbänden. Forschungsbericht des Landes Nordrhein-Westfalen Nr. 1974, Westdeutscher Verlag, Köln und Opladen 1968.

[48] LOCHER, H., Die Ungleichmäßigkeit des Querschnittes von Wickeln, Bändern, Vorgarnen und Garnen in der Zellwollspinnerei. Reyon, Zellwolle u. a. Chemiefasern (1955), 764 bis 768, 820–822.

[49] BRENY, H., The Calculation of the Variance-Length-Curve from the Length Distribution of Fibres. Journal Textile Inst. 44 (1953), P 1–P 9.

[50] SPENCER-SMITH, J. L., und H. A. C. TODD, A Time Series Met with in Textile Research. Suppl. to J. Roy. Stat. Soc. (1941), 7, 131.

Anhang

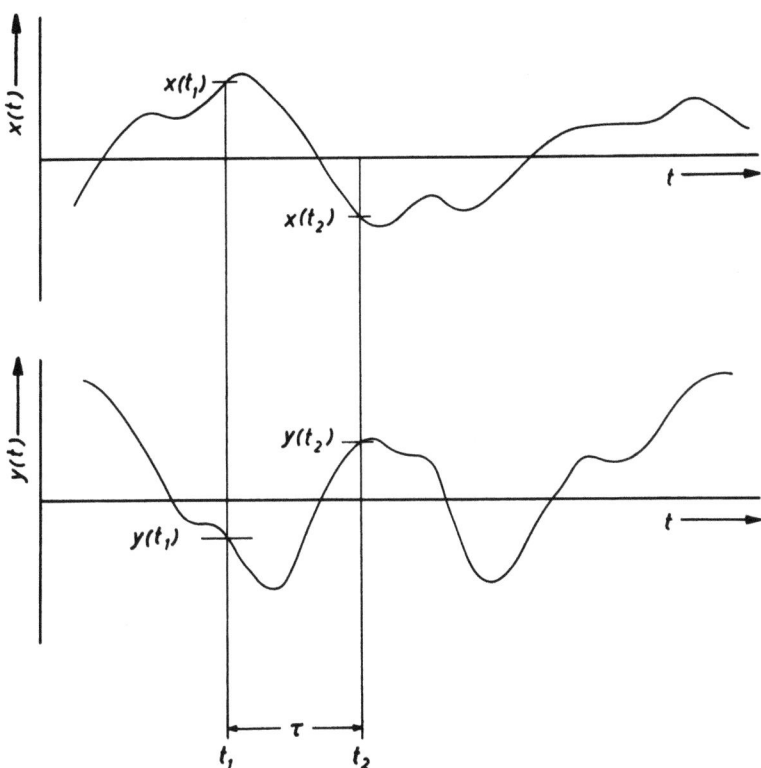

Abb. 1 Die Signalfunktionen $x(t)$ und $y(t)$
- t Zeit
- t_1, t_2 Meßzeitpunkte
- τ Zeitverschiebung zwischen t_1 und t_2

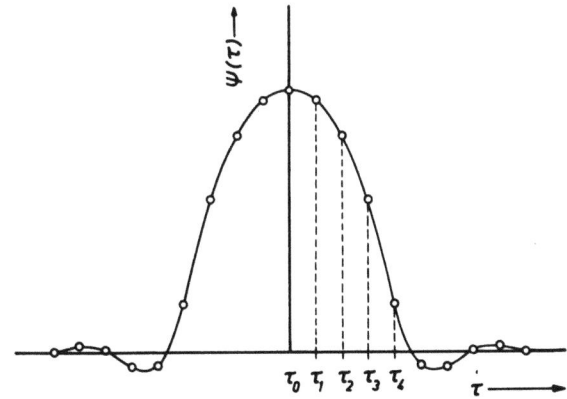

Abb. 2 Die Autokorrelationsfunktion eines stochastischen Signals ohne Periodizität
- τ Zeitverschiebung
- $\psi(\tau)$ Autokorrelationskoeffizient

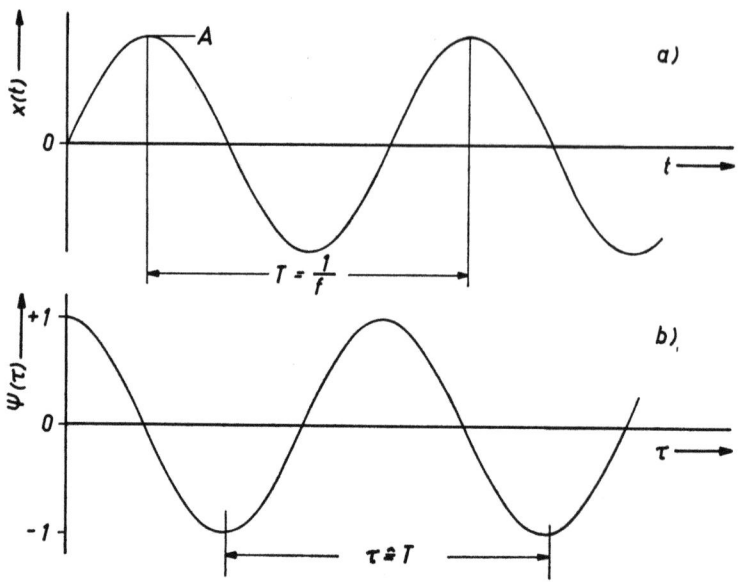

Abb. 3 Die Signalfunktion $x(t) = A \sin \omega t$ (a)
und die zugehörige Autokorrelationsfunktion (b)
- t Zeit
- A Amplitude der Signalfunktion
- T Periode der Signalfunktion
- f Frequenz der Signalfunktion
- τ Zeitverschiebung
- $\psi(\tau)$ Korrelationskoeffizient

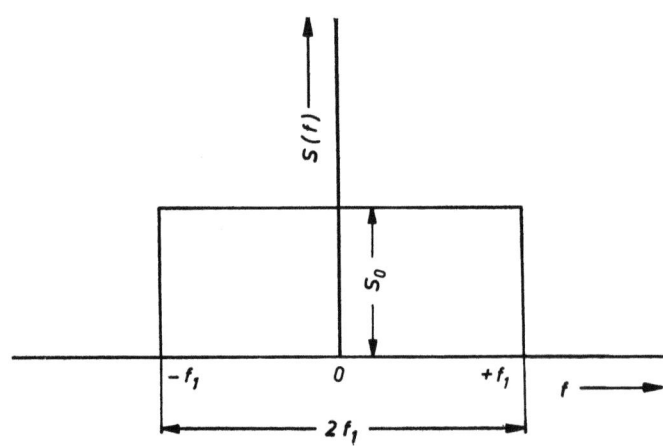

Abb. 4 Leistungsspektrum $S(f)$ des tiefpaßgefilterten weißen Rauschens
- f Frequenz
- S_0 Signalleistung bei $f = 0$
- f_1 Frequenzgrenze

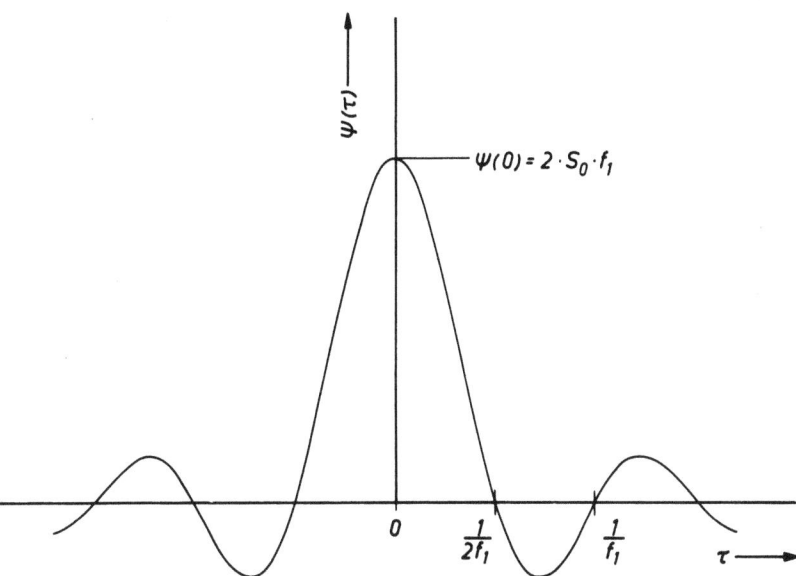

Abb. 5   Die Autokorrelationsfunktion $\psi(\tau)$ eines tiefpaßgefilterten weißen Rauschens
  τ Zeitverschiebung
  $\psi(0)$ Autokorrelationskoeffizient bei $\tau = 0$
  S_0 Signalleistung des Rauschens bei der Frequenz $f = 0$
  f_1 Frequenzgrenze des Rauschens

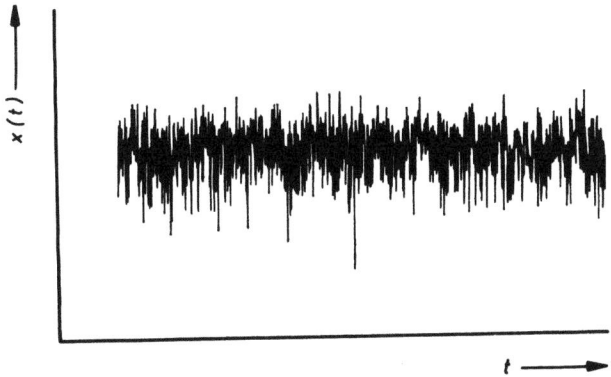

Abb. 6   Rauschsignal mit versteckter Periode
  Das zugehörige Autokorrelogramm siehe Abb. 26a
  t Zeit
  $x(t)$ Signalfunktion

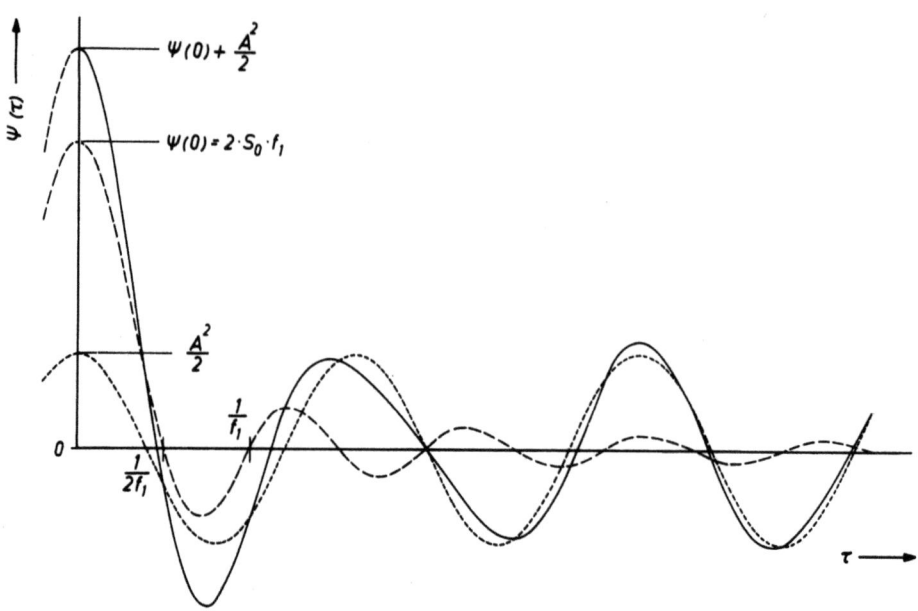

Abb. 7 Autokorrelationsfunktion $\psi(\tau)$ eines Sinus-Signals, das von einem Rauschsignal nach der Abb. 4 überlagert ist
- τ Zeitverschiebung
- $\psi(0)$ Autokorrelationskoeffizient des Rauschsignals für $\tau = 0$
- S_0 Signalleistung des Rauschens bei der Frequenz $f = 0$
- f_1 Frequenzgrenze des Rauschens
- A Amplitude des Sinus-Signals

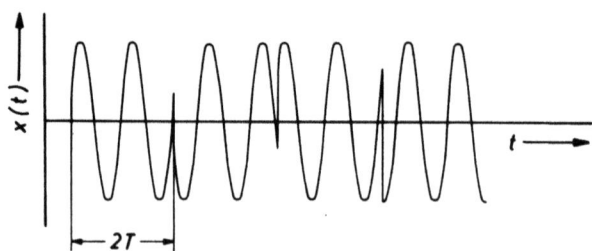

Abb. 8 Sinusfunktion mit Phasensprüngen nach je zwei Perioden
- t Zeit
- $x(t)$ Signalfunktion
- T Periode der Signalfunktion

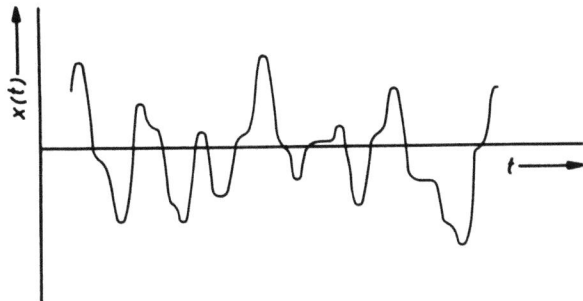

Abb. 9　Statistische Überlagerung von Sinus-Elementfunktionen mit je zwei Perioden
　　　t　　Zeit
　　　$x(t)$　Signalfunktion

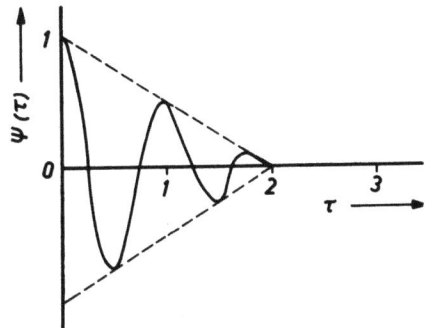

Abb. 10　Autokorrelationsfunktion $\psi(\tau)$ einer Funktion, die aus Sinus-Signalen mit je zwei
　　　　Perioden nach statistischen Gesetzen zusammengesetzt ist
　　　τ　　Zeitverschiebung

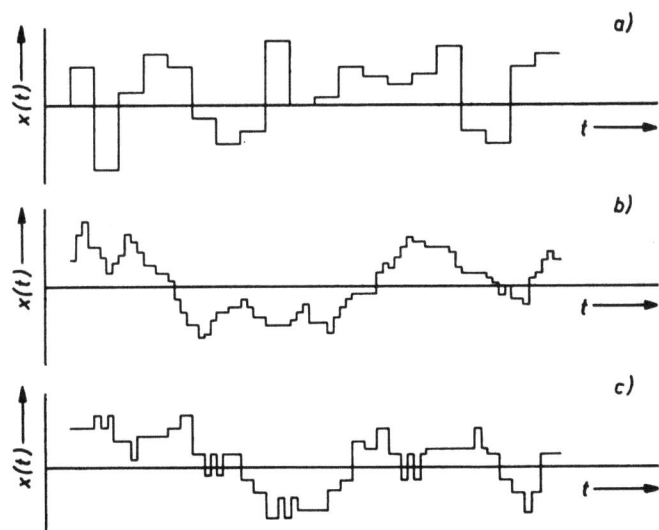

Abb. 11　Treppenfunktionen
　　　t　　Zeit
　　　$x(t)$　Signalfunktion
　　　　　a) Treppenfunktion mit äquidistanten Stufen, Amplituden statistisch verteilt
　　　　　b) Überlagerung von vier Treppenfunktionen nach a)
　　　　　c) Statistische Überlagerung von Treppenfunktionen mit konstanter Wahr-
　　　　　　 scheinlichkeitsdichte

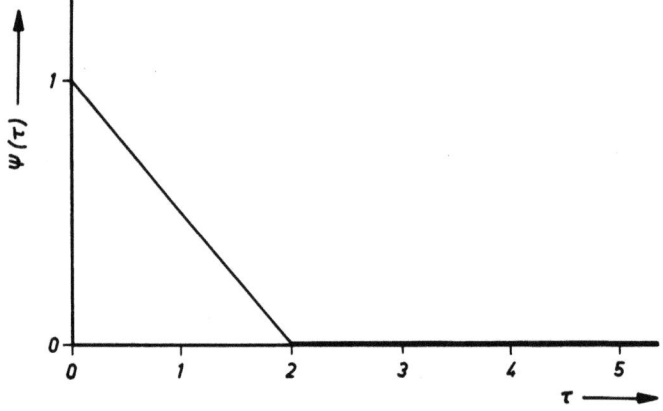

Abb. 12 Autokorrelationsfunktion $\psi(\tau)$ für die Treppenfunktionen nach der Abb. 11
  τ Zeitverschiebung

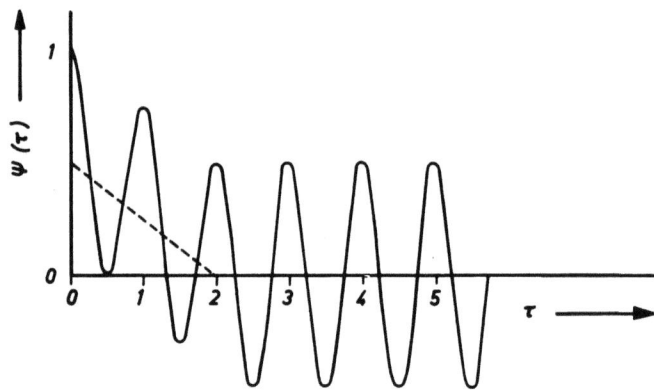

Abb. 13 Autokorrelationsfunktion $\psi(\tau)$ einer Signalfunktion, die aus einem Sinus-Signal und einer Treppenfunktion nach der Abb. 11a zusammengesetzt ist
  τ Zeitverschiebung

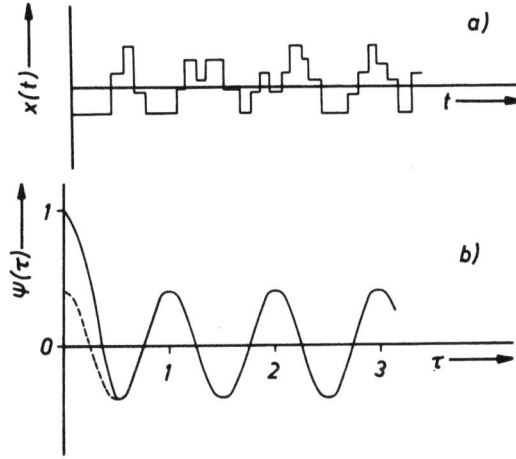

Abb. 14 Statistische Überlagerung von rechteckigen Elementfunktionen mit periodischer Wahrscheinlichkeitsdichte a) und zugehöriger Autokorrelationsfunktion b)
    t Zeit
    $x(t)$ Signalfunktion
    τ Zeitverschiebung
    $\psi(\tau)$ Autokorrelationskoeffizient

t	x_t	$\tau=0$ x_t^2	$\tau=1$ $x_t \cdot x_{t+1}$	$\tau=2$ $x_t \cdot x_{t+2}$	$\tau=3$ $x_t \cdot x_{t+3}$	$\tau=4$	$\tau=5$
1	-1	1	2	4	8		
2	-2	4	8	16	12		
3	-4	16	32	24	20		
4	-8	64	48	40			
5	-6	36	30	24			
6	-5	25	20	10			
7	-4	16	8	4			
	-2						
	-1						
	0						
	0						
		162	148	122			

Abb. 15 Rechenschema zur Berechnung der Autokorrelationsfunktion
    t Zeitpunkt der Messung
    x_t Meßwert zur Zeit t
    τ Zeitverschiebung

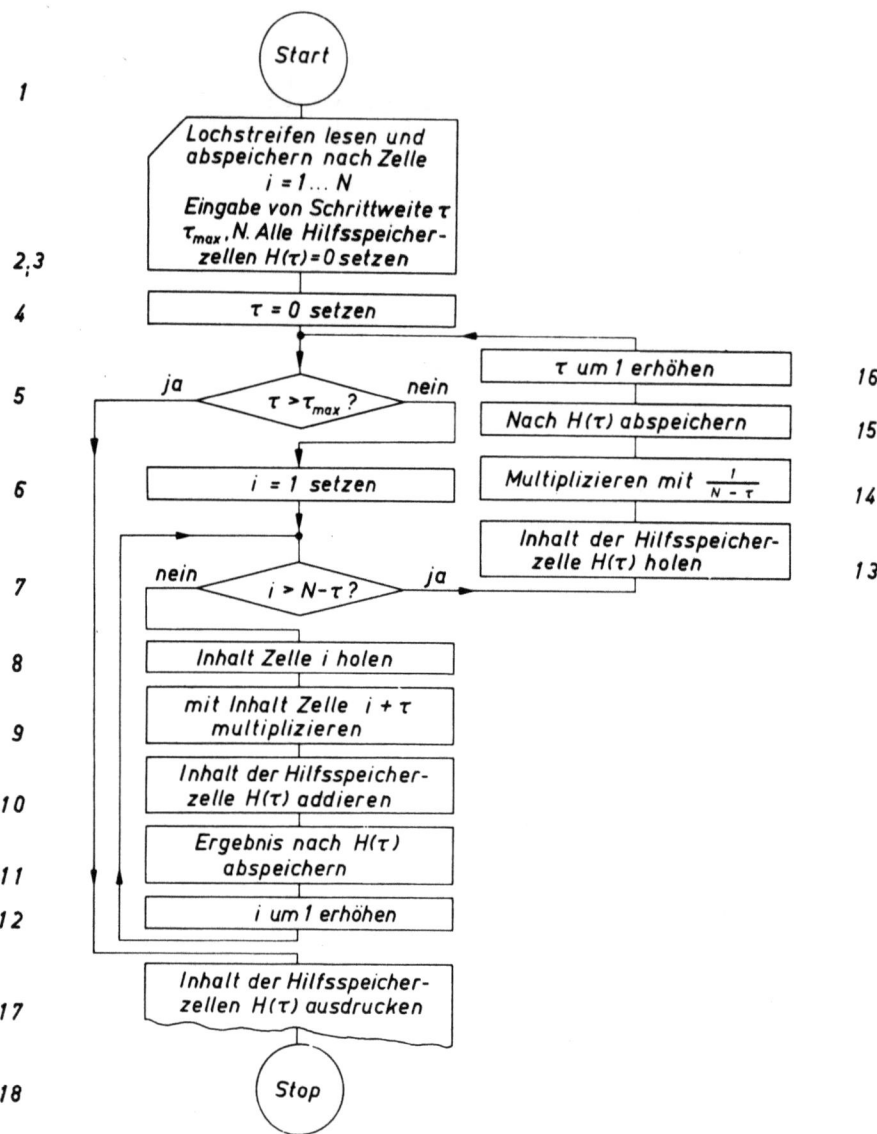

Abb. 16 Flußdiagramm für die Berechnung der Autokorrelationsfunktion mittels einer Datenverarbeitungsanlage

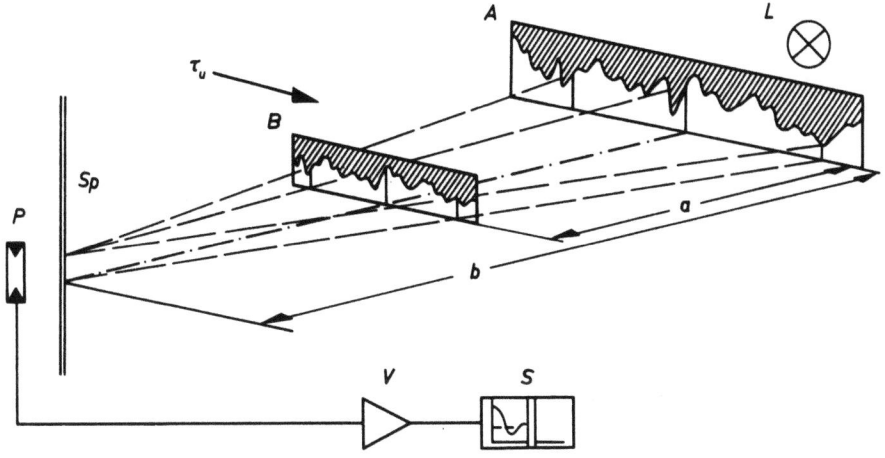

Abb. 17 Der optische Analog-Korrelator nach MARTINDALE
- A großes Transparent
- B kleines Transparent
- a Abstand der beiden Transparente
- b Abstand Transparent A–Spalt
- L Lampe
- τ_u Ortsverschiebung
- Sp Spalt
- P Photozelle
- V Verstärker
- S Schreiber

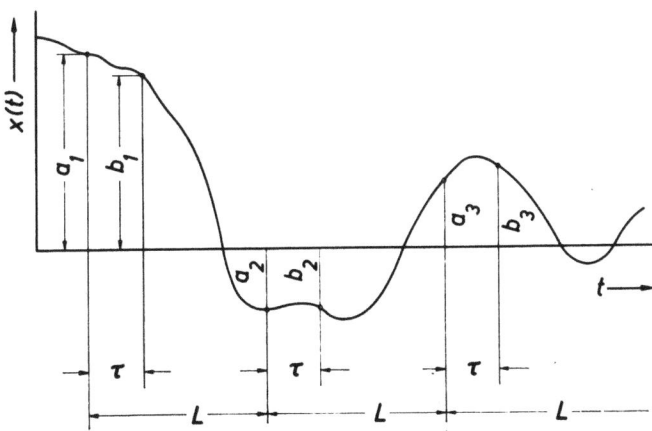

Abb. 18 Meßwertentnahme zur Bestimmung der Autokorrelationsfunktion nach der Sampling-Methode
- t Zeit
- $x(t)$ Signalfunktion
- a, b Meßwerte
- L Abstand für die Entnahme der Meßwerte a
- τ Abstand der Meßwerte a und b

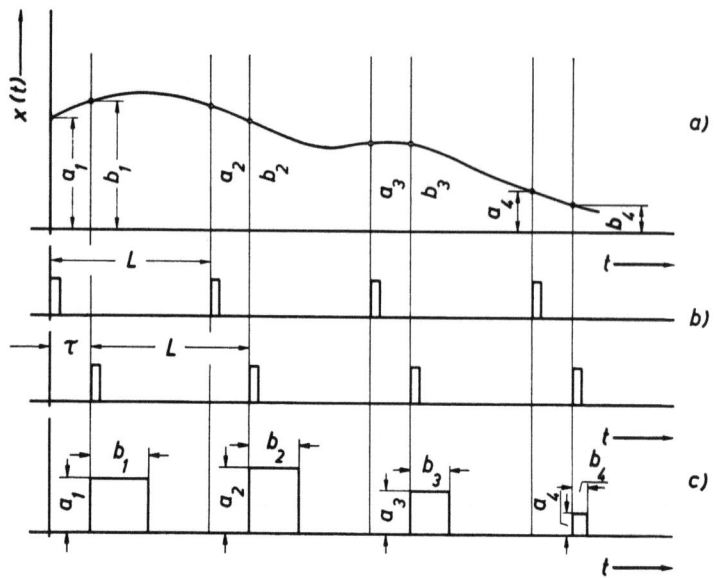

Abb. 19 Interne Signalverarbeitung des Sampling-Korrelators
  a) t Zeit
     $x(t)$ Signalfunktion
     a, b Meßwerte
  b) Zeitimpulse für Meßwertentnahme
     L zeitlicher Abstand für die Entnahme der Meßwerte a
     τ zeitliche Verzögerung zwischen der Entnahme der Meßwerte a und der Entnahme der Meßwerte b
  c) Multiplikatorsignal
     a Amplitude des Multiplikatorimpulses
     b Dauer des Multiplikatorimpulses

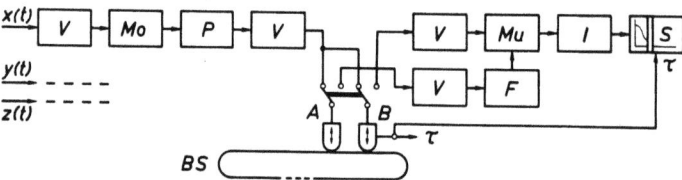

Abb. 20 Blockschaltbild der Korrelationseinheiten des Rechners ISAC
  $x(t), y(t), z(t)$ Eingangssignale
  V Verstärker
  Mo Modulator
  P Pulsfrequenzuntersetzer
  A, B Speicherköpfe
  τ Kopfverstellung
  BS Bandschleife
  Mu Multiplikator
  F Tiefpaß-Glattungsfilter
  I Integrator
  S Schreiber

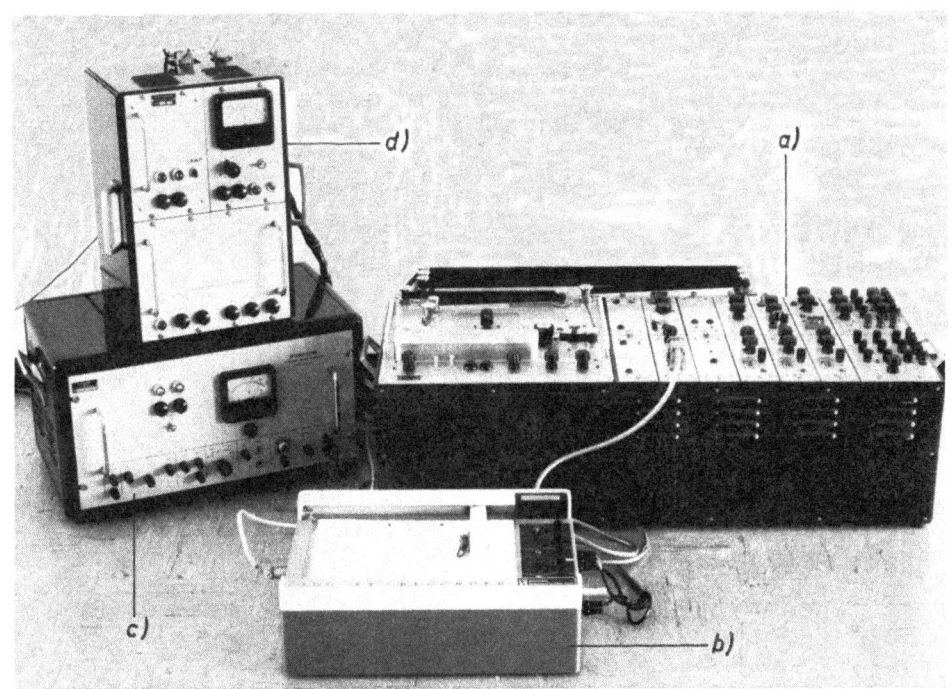

Abb. 21 Der statistische Analogrechner ISAC mit Netzgeräten
- a) Elektronische Recheneinheiten und Magnet-Bandspeicher mit verschiebbaren Köpfen
- b) Schreiber
- c), d) Netzgeräte

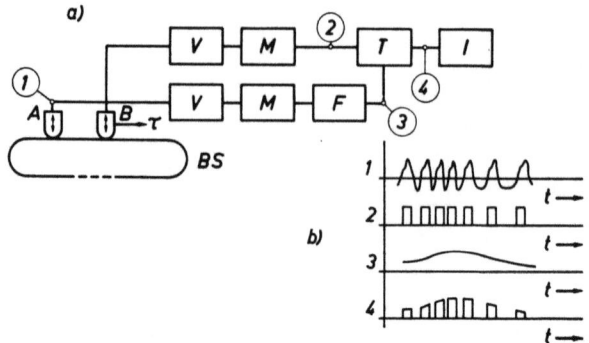

Abb. 22 Interne Signalverarbeitung des Rechners ISAC
    a) A, B Speicherköpfe
        τ Kopfverstellung
        V Verstärker
        M Impulsformer
        F Tiefpaß-Glättungsfilter
        T Elektronischer Schalter
        I Integrator
    b) Zeitlicher Verlauf der elektrischen Spannungen an den Meßpunkten 1–4
        t Zeit
        Meßpunkt 1: Ausgangssignal der Wiedergabeköpfe
        Meßpunkt 2: Durch den Impulsformer M vereinheitlichter Impuls
        Meßpunkt 3: Ausgangs-Analogsignal des Tiefpaß-Glättungsfilters
        Meßpunkt 4: Durch den elektronischen Schalter T geschaltetes Analogsignal

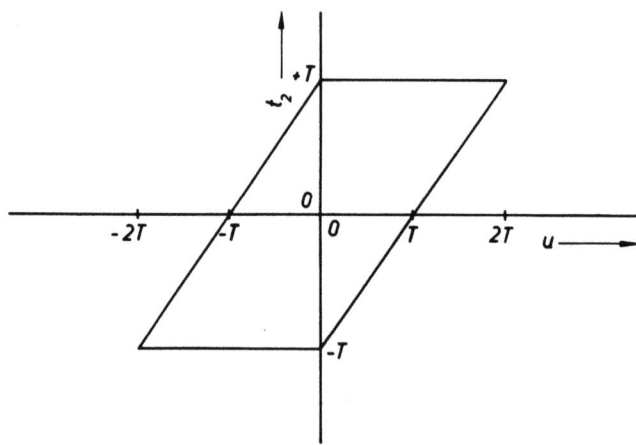

Abb. 23 Integrationsbereich für die Berechnung des Doppelintegrals der Varianz
    u zeitliche Verzögerung
    t_2 Zeit
    T Zeitgrenze für Integration

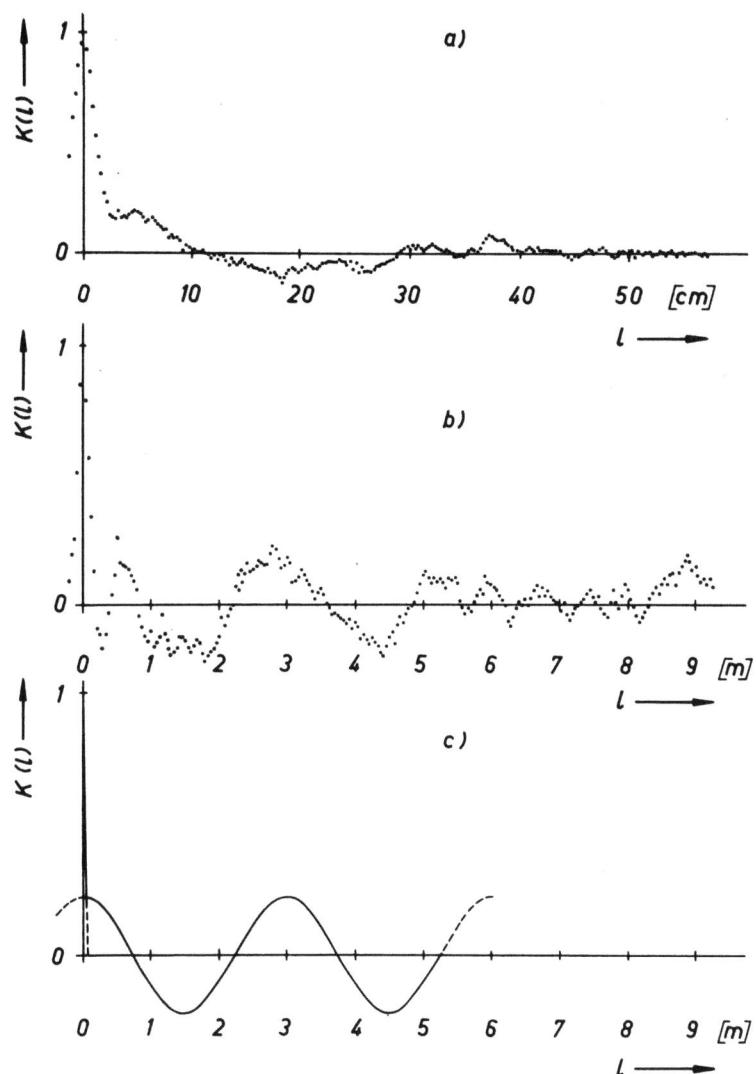

Abb. 24 Ergebnisse der Berechnung der Autokorrelationsfunktion für Garn I
  I   Abstand zwischen den zur Berechnung der Autokorrelationsfunktion benutzten Meßwerten
  $K(I)$ Kurzzeit-Autokorrelationskoeffizient
   a) ermittelte Autokorrelationsfunktion
      Auswertung 1 – Bereich 1,5 cm bis 53 cm
   b) ermittelte Autokorrelationsfunktion
      Auswertung 2 – Bereich 0,4 m bis 8,5 m
   c) Für die Auswertung 2 theoretisch erwartete Autokorrelationsfunktion

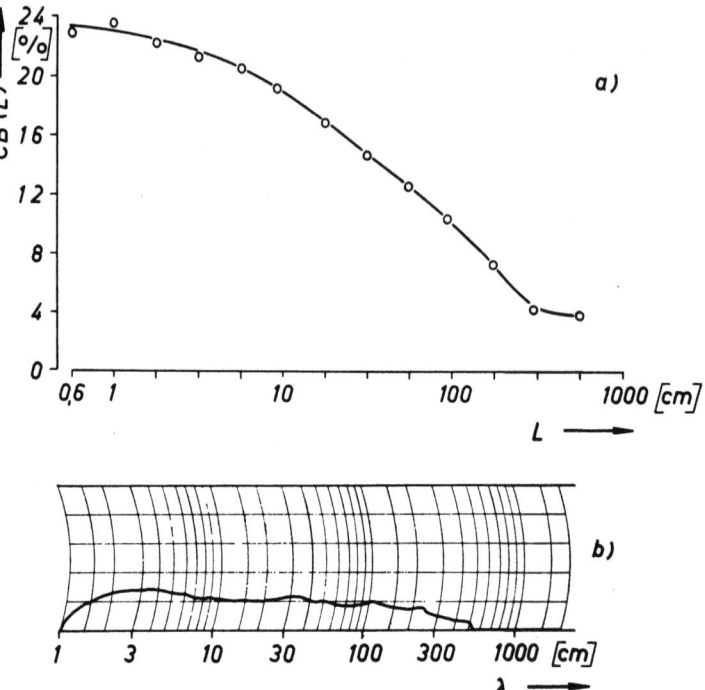

Abb. 25 Längenvariationsfunktion a)
und Wellenlängenspektrum b)
für Garn I
L Schnittlänge
$CB(L)$ Längenvariationskoeffizient
λ Wellenlänge

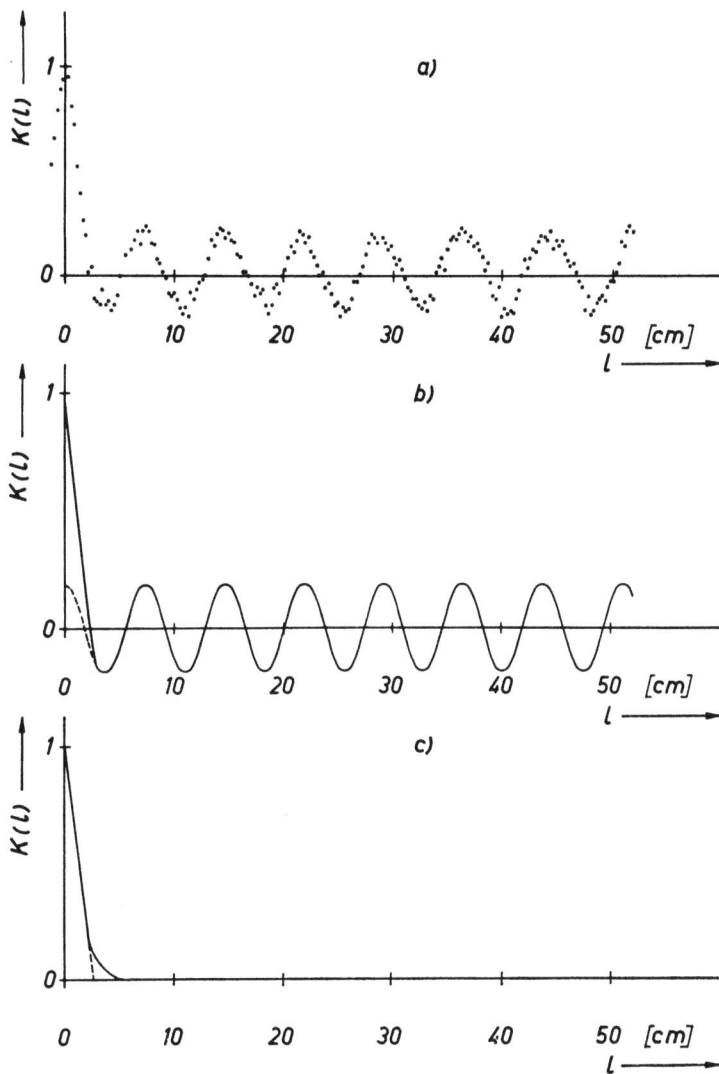

Abb. 26 Ergebnisse der Berechnung der Autokorrelationsfunktion für Garn II
  l   Abstand zwischen den zur Berechnung der Autokorrelationsfunktion benutzten Meßwerten
  $K(l)$ Kurzzeit-Autokorrelationskoeffizient
   a) ermittelte Autokorrelationsfunktion
      Bereich 1,5 cm bis 53 cm
   b) theoretisch erwartete Autokorrelationsfunktion
   c) Autokorrelationsfunktion eines idealen Garnes mit einer mittleren Stapellänge von 26 mm

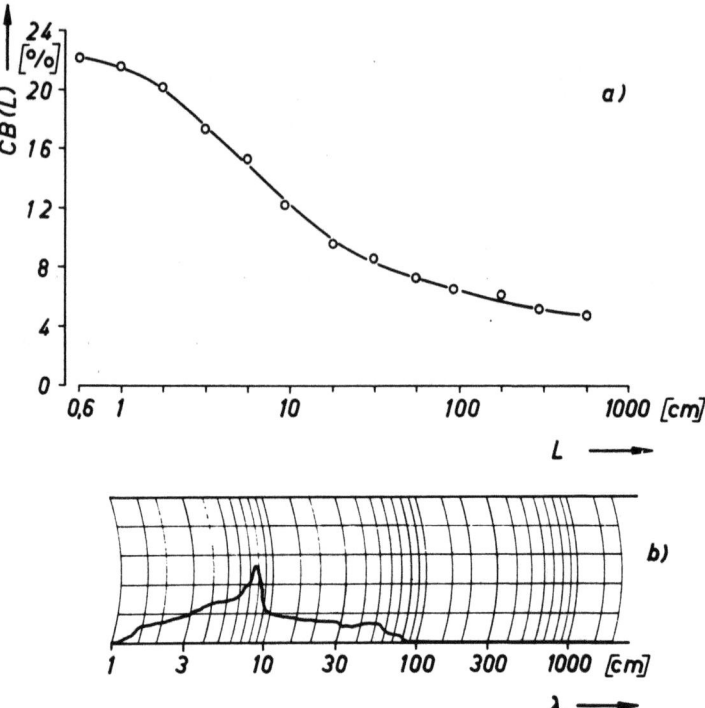

Abb. 27 Längenvariationsfunktion a)
und Wellenlängenspektrum b)
für Garn II
L Schnittlänge
$CB(L)$ Längenvariationskoeffizient
λ Wellenlänge

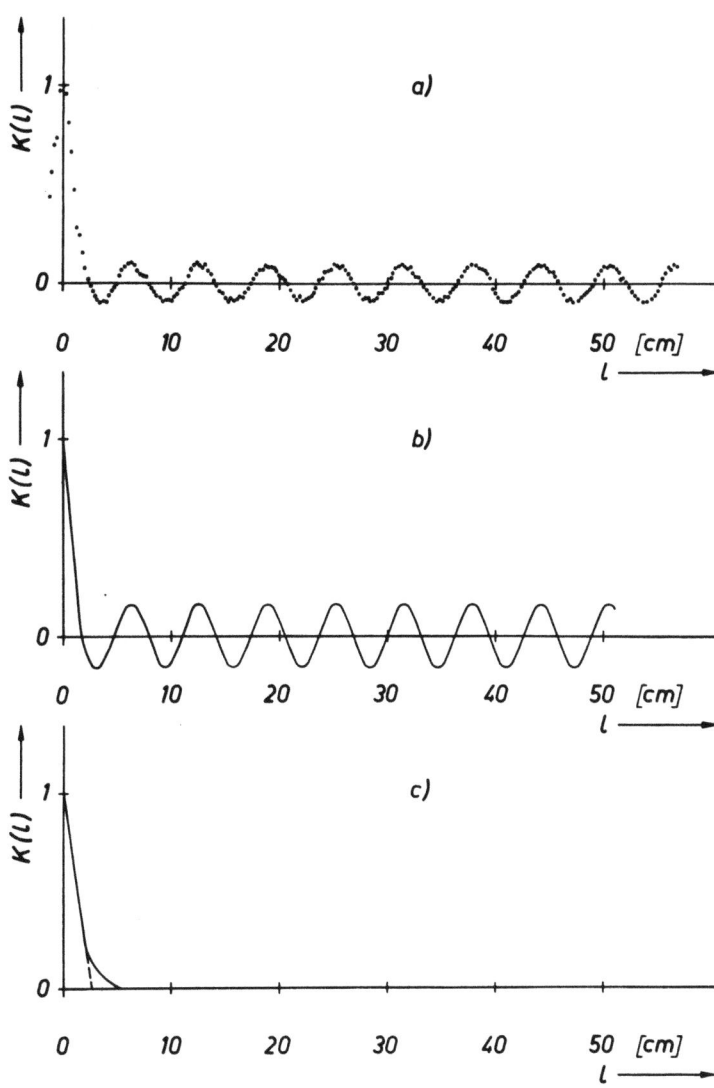

Abb. 28 Ergebnisse der Berechnung der Autokorrelationsfunktion für Garn III
  l   Abstand zwischen den zur Berechnung der Autokorrelationsfunktion benutzten Meßwerten
  $K(l)$ Kurzzeit-Autokorrelationskoeffizient
   a) ermittelte Autokorrelationsfunktion
      Bereich 1,5 cm bis 53 cm
   b) theoretisch erwartete Autokorrelationsfunktion
   c) Autokorrelationsfunktion eines idealen Garnes mit einer mittleren Stapellänge von 26 mm

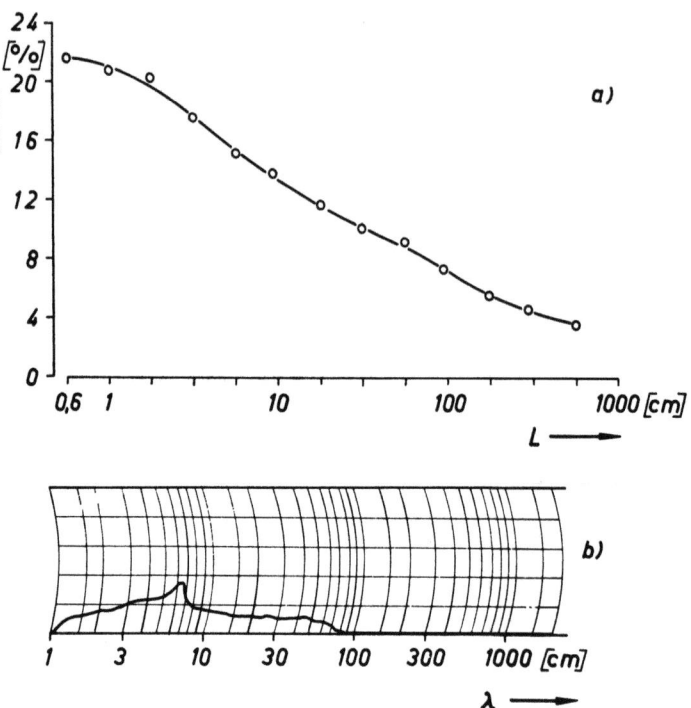

Abb. 29 Längenvariationsfunktion a)
und Wellenlängenspektrum b)
für Garn III
L Schnittlänge
$CB(L)$ Längenvariationskoeffizient
λ Wellenlänge

Forschungsberichte des Landes Nordrhein-Westfalen

Herausgegeben im Auftrage des Ministerpräsidenten Heinz Kühn
von Staatssekretär Professor Dr. h. c. Dr. E. h. Leo Brandt

Sachgruppenverzeichnis

Acetylen · Schweißtechnik
Acetylene · Welding gracitice
Acétylène · Technique du soudage
Acetileno · Técnica de la soldadura
Ацетилен и техника сварки

Arbeitswissenschaft
Labor science
Science du travail
Trabajo científico
Вопросы трудового процесса

Bau · Steine · Erden
Constructure · Construction material ·
Soil research
Construction · Matériaux de construction ·
Recherche souterraine
La construcción · Materiales de construcción
Reconocimiento del suelo
Строительство и строительные материалы

Bergbau
Mining
Exploitation des mines
Minería
Горное дело

Biologie
Biology
Biologie
Biologia
Биология

Chemie
Chemistry
Chimie
Quimica
Химия

Druck · Farbe · Papier · Photographie
Printing · Color · Paper · Photography
Imprimerie · Couleur · Papier · Photographie
Artes gráficas · Color · Papel · Fotografía
Типография · Краски · Бумага · Фотография

Eisenverarbeitende Industrie
Metal working industry
Industrie du fer
Industria del hierro
Металлообрабатывающая промышленность

Elektrotechnik · Optik
Electrotechnology · Optics
Electrotechnique · Optique
Electrotécnica · Optica
Электротехника и оптика

Energiewirtschaft
Power economy
Energie
Energía
Энергетическое хозяйство

Fahrzeugbau · Gasmotoren
Vehicle construction · Engines
Construction de véhicules · Moteurs
Construcción de vehículos · Motores
Производство транспортных · Средств

Fertigung
Fabrication
Fabrication
Fabricación
Производство

Funktechnik · Astronomie
Radio engineering · Astronomy
Radiotechnique Astronomie
Radiotécnica · Astronomía
Радиотехника и астрономия

Gaswirtschaft
Gas economy
Gaz
Gas
Газовое хозяйство

Holzbearbeitung
Wood working
Travail du bois
Trabajo de la madera
Деревообработка

Hüttenwesen · Werkstoffkunde
Metallurgy · Materials research
Métallurgie · Materiaux
Metalurgia · Materiales
Металлургия и материаловедение

Kunststoffe
Plastics
Plastiques
Plásticos
Пластмассы

Luftfahrt · Flugwissenschaft
Aeronautics · Aviation
Aéronautique · Aviation
Aeronáutica · Aviación
Авиация

Luftreinhaltung
Air-cleaning
Purification de l'air
Purificación del aire
Очищение воздуха

Maschinenbau
Machinery
Construction mécanique
Construcción de máquinas
Машиностроительство

Mathematik
Mathematics
Mathématiques
Mathemáticas
Математика

Medizin · Pharmakologie
Medicine · Pharmacology
Médecine · Pharmacologie
Medicina · Farmacología
Медицина и фармакология

NE-Metalle
Non-ferrous metal
Metal non ferreux
Metal no ferroso
Цветные металлы

Physik
Physics
Physique
Física
Физика

Rationalisierung
Rationalizing
Rationalisation
Racionalización
Рационализация

Schall · Ultraschall
Sound · Ultrasonics
Son · Ultra-son
Sonido · Ultrasónico
Звук и ультразвук

Schiffahrt
Navigation
Navigation
Navegación
Судоходство

Textilforschung
Textile research
Textiles
Textil
Вопросы текстильной промышленности

Turbinen
Turbines
Turbines
Turbinas
Турбины

Verkehr
Traffic
Trafic
Tráfico
Транспорт

Wirtschaftswissenschaften
Political economy
Economie politique
Ciencias económicas
Экономические науки

Einzelverzeichnis der Sachgruppen bitte anfordern

Westdeutscher Verlag · Köln und Opladen
567 Opladen/Rhld., Ophovener Straße 1–3, Postfach 1620

MIX
Papier aus verantwortungsvollen Quellen
Paper from responsible sources
FSC® C105338

If you have any concerns about our products,
you can contact us on
ProductSafety@springernature.com

In case Publisher is established outside the EU,
the EU authorized representative is:
**Springer Nature Customer Service Center GmbH
Europaplatz 3, 69115 Heidelberg, Germany**

Printed by Libri Plureos GmbH
in Hamburg, Germany